Ramiz Daniz

Astronomowie Świata Wschodniego

Ramiz Daniz

Astronomowie Świata Wschodniego

Znani uczeni islamscy

Wydawnictwo Bezkresy Wiedzy

Imprint
Any brand names and product names mentioned in this book are subject to trademark, brand or patent protection and are trademarks or registered trademarks of their respective holders. The use of brand names, product names, common names, trade names, product descriptions etc. even without a particular marking in this work is in no way to be construed to mean that such names may be regarded as unrestricted in respect of trademark and brand protection legislation and could thus be used by anyone.

Cover image: www.ingimage.com

This book is a translation from the original published under ISBN 978-620-0-48333-1.

Publisher:
Wydawnictwo Bezkresy Wiedzy
is a trademark of
Dodo Books Indian Ocean Ltd., member of the OmniScriptum S.R.L Publishing group
str. A.Russo 15, of. 61, Chisinau-2068, Republic of Moldova Europe
Printed at: see last page
ISBN: 978-620-0-81343-5

Ramiz Deniz

Astronomowie Świata Wschodniego

Eseje popularnonaukowe

Część II

Redakto r - doktor nauk technicznych Nadir Ahmedov
Recenzja - pełnoprawny członek NAS, doktor nauk technicznych
Laureatka nagrody państwowej, dyrektor Instytutu
Geografia NAS, naukowiec Ramiz Mamedow
Corrector - filolog Bella Zakirova.
Tłumaczeni e - Elmar Sheikhzade
Zestaw komputerowy - Synaj, Gulnara Ismilova.
Projektowanie komputerowe - Sevinj Gasimova

Ramiz Denise. "Astronomowie Wschodniego Świata". Strona. 110.

Europa Zachodnia we wczesnym średniowieczu malowała przygnębiający obraz. Zwykle uważana była za ponurą porażkę w historii nauki, która w tym czasie znajdowała się pod pełną władzą religii. W Europie była to potęga chrześcijaństwa.

Chociaż Europa Zachodnia była związana z Cesarstwem Bizantyjskim, pożyczała znacznie więcej od Arabów niż od Bizantyjczyków. Kontrast między Europejczykami i Arabami był głębokim strachem i podziwem, zmieszanym z uznaniem arabskiej wyższości. Pod koniec XI wieku, w czasie zdobycia Toledo (1085), ostatecznego podboju Sycylii (1091) i upadku Jerozolimy (1099), strach był znacznie słabszy niż biały. Być może to właśnie ten fakt pozwolił Europejczykom skupić się na tym, co podziwiali w arabskiej kulturze duchowej. Może studiowaliby nauki arabskie, nawet gdyby nie mieli tych wojskowych sukcesów, ale faktem jest, że to właśnie w XIII wieku europejscy naukowcy zainteresowani nauką i filozofią zdali sobie sprawę, jak wiele musieli nauczyć się od Arabów, i zaczęli studiować główne dzieła arabskie, a także tłumaczyć je na język łaciński.

Spis treści

Przedmowa do książki "Astronomowie Wschodniego Świata".

W chwili obecnej rozważam kolejną książkę Ramiza Deniza z serii ***"Popular Science Books"* - "Astronomowie Świata Wschodniego".**

Po przeczytaniu książek przekazanych mi do nauki, zadałem sobie pytanie: Kim jest Ramiz Deniz? Jest pisarzem czy badaczem i czym się zajmuje? Okazało się, że jego styl jest czymś nowym w literaturze azerbejdżańsko-japońskiej, rodzajem symbiozy, która połączyła twórczość literacką z badaniami naukowymi, i do pewnego stopnia mu się to udało, i można go uznać za jednego z innowatorów tego kierunku.

Ramiz Deniz pisze jednocześnie prace artystyczne (w kilku gatunkach), historyczne, naukowe i popularnonaukowe. Jako specjalista w dziedzinie historii i geografii spędził 38 lat badając odkrycie kontynentu amerykańskiego, a w szczególności Brazylii, naukowego dziedzictwa słynnego naukowca Nasiraddina Tusiego, Obserwatorium w Maragino, niektórych uczonych islamskich z Bliskiego Wschodu, rozwój astronomii, geografii, matematyki, geometrii, etyki i moralności w świecie muzułmańskim, ujawnienie fałszywej działalności Amerigo Vespucci'ego, tajemnica Krzysztofa Kolumba, przebój króla Portugalii Manuela I i admirała Pedro Cabrala. Wszystkie te badania znajdują odzwierciedlenie w jego książkach - (**"Tajemnicze odkrycie Brazylii", "Nasi Reddin Tusi - naukowiec przed wiekami", "Ame-rigo Vespucci, Martin Valdzemüller - spisek w tajemnicy" i "Krzysztof Kolumb, Nasi Reddin Tusi i prawdziwa historia odkrycia Ameryki"), które zostały** przetłumaczone z Azerbejdżanu na rosyjski, angielski i hiszpański.

Poza powyższymi książkami, kilka innych pro-warsztatów - **"The Science of Nasireddin Tusi and his worldly works", "Transatlantic project of Columbus", "Gotcha financers, who defended Columbus's project",** (**"Bogaci finansiści, którzy bronili projektu Columbus'a"**) autora zostało wydanych w Niemczech przez wydawnictwo "Lap LAMBERT".

Autor spogląda na Wielkie Odkrycia Geograficzne, analizuje szczegóły wydarzeń z nowej perspektywy, co pozwala mu rzucić światło na pewne ciemne punkty w historii, by odkrywać coraz to nowe fakty. Taka owocna działalność pokazuje jego wysoką energię i potencjał intelektualny.

Należy zauważyć, że nowatorskie w literaturze azerbejdżańskiej są prace: **"Konkwistadorzy idą do Nowego Świata", "Tragiczna śmierć konkwistadorów w Chile Centralnym", "Święta misja", "Pójście do raju pójdzie do piekła"** (akcje odbywają się pod koniec XVI wieku w Hiszpanii, Brazylii, Argentynie, Peru, Ekwadorze i Chile) napisane w gatunku przygody historycznej. Sukces polega na tym, że prace te są obecnie drukowane przez niemieckie wydawnictwo "GlobEdit".

Twórczość Ramiza Deniza, znanego z rewelacyjnych prac badawczych związanych z historią odkryć geograficznych wczesnych i średnich wieków, jest poważnie wspierana przez Chingiza Abdullaeva, Azerbejdżańskie Towarzystwo Geograficzne (tylko na osobnym blogu tej strony znajduje się 148 artykułów naukowych autora), "Texil", "Agra" - Publiczne Stowarzyszenie Wspierania Rozwoju Nauki, Azerbejdżański Związek Weteranów Wielkiej Wojny Ojczyźnianej, a specjalnej pomocy w tłumaczeniu i publikacji prac udzielił SOCAR.

Styl autora jako badacza morfologii założeń jest zadowalający. Czytelnik nie jest zmęczony, a książka jest łatwa do odczytania. Wszystko to, jak również fakt, że osoba, która nie otrzymała wyższego wykształcenia, pisze tak obszerną książkęgi, bez wątpienia mówi o swoim talencie. Jednocześnie obecność systemowej edukacji pozwoliłaby autorowi na zajmowanie się jeszcze trudniejszymi i bardziej złożonymi tematami.

Ramiz Deniz jest płodnym pisarzem, a my czekamy na jego nowe książki. Życzę mu powodzenia.

Ramiz Mammadov Akademicki
jest pełnoprawnym członkiem NAS,
Doktorat z inżynierii
Laureatka Nagrody Państwowej
Dyrektor Instytutu Geografii Narodowej Akademii Nauk

Astronomowie Świata Wschodniego

Wczesne etapy nauki w krajach wschodnich

Kultura ludów Dalekiego Wschodu i Indii jest bardzo stara. Rolnictwo, rzemiosło, maszyny budowlane itp. rozwijają się tu od czasów starożytnych. Pisarstwo, literatura, filozofia i nauka zaczęły się tu rozwijać.

Bardzo starożytne początki to astronomia w Chinach i Indiach. Należy podkreślić, że astronomia w Starym Świecie - od Europy po Indie i Chiny - szybko się rozprzestrzeniała.

Najsłynniejszymi indyjskimi naukowcami średniowiecza byli Ariabhat (ok. 476 - ok. 550) i Varaha Mihira (?-587) - autorzy dwóch encyklopedycznych prac z zakresu astronomii, odpowiednio **"Ariabhatya"** (499) i **"Pancha Siddhantica" oraz** Brahmagupta (598-?), z których nazwą związane jest powstanie idei grawitacji w Indiach. W swoich kompozycjach przekazywały one głównie informacje z **Almagestu.** Pierwotnie w dziełach Indian nastąpił znaczący rozwój aparatury matematycznej astronomii, głównie trygonometrii. Dzięki nim astronomia teoretyczna Hiparcha-Ptolemeusza dotarła do Arabów i astronomów Azji Środkowej. [1]

Astronomowie Yu Xi (IV wiek), Tszu Chun-ji (V wiek), Shen Ko (1031-1095) wnieśli wielki wkład w astronomię w średniowiecznych Chinach.

W pierwszym okresie rozkwitu kalifatu bagdadskiego (VIII wiek) znane były tam dane antycznej nauki. Pierwotna wiedza została zapożyczona od chrześcijan nestoriańskich, którzy znaleźli schronienie przed prześladowaniami bizantyjskiego kościoła w Persji i założyli tam swoje własne szkoły. Ale pożyczanie od Indii okazało się ważniejsze. Po podbojach Aleksandra i późniejszych macedońskich władców Bactrii, Indie stały się centrum greckiej astronomii.

W okresie rozkwitu późniejszej dynastii Guptów w Hindustanie (ok. 400-650 r. n.e.) rozwinęła się literatura składająca się z dzieł matematycznych i astronomicznych - tak zwanej **"Sidhanty",** pisanej przez różnych autorów, wśród których najwięcej izvestów - ówczesnej Bramagupty. W pracach tych znajduje się grecki obraz świata: kulista Ziemia i okrągłe orbity planet (w porównaniu z

---

[1] Materiały metodyczne do przygotowania do egzaminu z historii i filozofii nauk ścisłych. Historia Astronomii. Instytut Historii Nauki i Techniki Rosyjskiej Akademii Nauk. S.I. Vavilov Instytut Historii Nauki i Technologii.

Ptolemeuszem, jest kilka szczegółowych łazienek i bez równania). Kilka razy wspominano tak, obrót Ziemi. [1]

Pokój, według al-Ghazalego i al-Kindi, jest stworzeniem twórcy i jego dzieła. Al-Farabi i Ibn Sina udowadniają, że pokój jest wieczny dla Boga, idąc za Arystotelesem. Racja, taka koncepcja w swojej najczystszej postaci nie mogła znaleźć żadnej odpowiedzi w umysłach muzułmanów. Dlatego neoplatoniczna koncepcja emanacji jest kompromisem ratunkowym. Warto tu wspomnieć, że arystotelesia filozofii arabsko-muzułmańskiej miała tę specyfikę, w której pośredniczyła "znajomość dzieł późniejszych komentatorów - perypatetyków i neoplatończyków, takich jak Alek-Sandr Afrodyzjasz, Themisty, Porfiria, itp. Dużą popularnością cieszyły się również niektóre dzieła apokryficzne, z których najważniejszą była tzw. **teologia arystotelesowska, która w rzeczywistości była** wypowiedzią kilku rozdziałów z **"Enneades" z** Plotonu. To właśnie ten "neoplatowy" arystotelesowski arystoteles, który stanowił podstawę nauk wypracowanych przez peryferie Wschodu". Saga-Deiev A. V. Ibn Rushd (Averroes). Dlatego też całościowy obraz świata został ostatecznie przedstawiony jako proces emanujący w duchu Ploto. Bóg, według Al-Farabiego i Ibn Sina, będąc absolutną jednością, nie może być przyczyną świata jako czegoś pomnożonego, składającego się z zestawu ciał. Jedność może tylko przynieść jedność. Pokój może więc być tylko wynikiem boskiej emanacji. Jest to wynik świata, który generalnie jest zgodny z arystotelesowskimi koncepcjami.

Głównym sposobem pojmowania Boga i świata jest wiedza, twierdzili arabscy i islamscy myśliciele. Nic więc dziwnego, że wiedza, którą tak wysoko cenili, była dość rozwinięta w ich filozofii, skoordynowana według gatunków i rodzajów. [1]

We wczesnym średniowieczu Europa Zachodnia była przygnębiającym obrazem. Zwykle uważana była za ponurą porażkę w historii nauki, która w tym czasie znajdowała się pod pełną władzą religii. W Evrope była to potęga chrześcijaństwa. Charakterystyczny dla teologii dogmatyzm wykluczał jakąkolwiek możliwość samodzielnego badania otaczającego go świata. Ta ostatnia została zastąpiona przez badanie, a raczej przez zapamiętywanie wypowiedzi biblijnych i doktryn Arystotelesa i Ptolemeusza, które zostały podzielone przez przywódców Kościoła.

---

[1] A. Pannekuk Story of Astronomia. Tłumaczenie: N.I. Nevskaya, Nauka, Moskwa, 1966. str. 178. Źródło: http://www.astro-cabinet.ru/library/Pannekuk/Index.htm.

[1] Yu A. Kimelev, TL Polyakova, "Nauka i religia". Nauka arabsko-islamska i Latin West 20 czerwca 2010 r.

Nie było takich miast jak starożytny Rzym, Ateny, Aleksandria, tętniące życiem przystanie, tętniące życiem targi, teatry i cyrki. Całe życie duchowe średniowiecza, oświecenie, sztuka, nauka, było podkościelne.

Średniowieczny Wschód był bogatszy i bardziej kulturalny. Stolica arabskiego kalifatu, Bagdad, została ozdobiona luksusowymi pałacami kalifa i jego wezyrem, tętniącymi życiem bazarami wypełnionymi motylkowym, wielojęzycznym tłumem. Wschód słynął z przypraw i słodyczy, aromatycznych substancji. Był to zupełnie inny świat, świat rososhi i bogactwa, zbudowany na pracy niewolników i poddanych. W tym świecie mógłby znaleźć schronienie i dać początek nowej wiedzy prześladowanej przez naukę starożytnego Kościoła chrześcijańskiego.

Władcy Kalifatu zrozumieli, że ich plany gospodarcze i wojskowe nie mogą być zrealizowane bez opanowania wiedzy podbitych ludów. Dlatego promowały one rozwój nauki w każdy możliwy sposób. Tak więc, z rozkazu Al-Mansoura, ambasadorzy zostali wysłani do bizantyjskiego sądu z prośbą o dostarczenie prac greckich z dziedziny matematyki, indyjskie prace astronomiczne, w tym Siddhanta Brahmagupta i Ariabhat, zostały przetłumaczone na arabski. [1]

Szeroki handel dał bogaty materiał na problemy matematyczne, długie podróże stymulowały rozwój wiedzy astronomicznej i geograficznej, rozwój rzemiosła sprzyjał rozwojowi sztuki eksperymentalnej.

Kraje muzułmańskie zaczęły się rozwijać i dostarczać wielkoformatowe towary z kostki brukowej z powodu powszechnego handlu. W tym samym czasie w państwach islamskich powstały ośrodki naukowe z renomowanymi naukowcami. Po uniezależnieniu się od władzy centralnej Emirat Kordoby stał się centrum kulturalnym i naukowym nie tylko w świecie muzułmańskim, ale także w Europie Zachodniej.

Wzrost kultury materialnej i duchowej w Andach-Lusii, podobnie jak na wschodzie świata muzułmańskiego, oparł się rozprzestrzenianiu się zainteresowania wiedzą naukową wśród jego mieszkańców. Średniowieczne źródła mówią o wielkiej miłości Andaluzyjczyków do książek. Wiadomo na przykład, że Kalif al-Hakam II, który miał specjalnych agentów do zakupu najcenniejszych dzieł w Kairze, Aleksandrii, Damaszku, Bagdadzie, miał osobistą bibliografię liczącą co najmniej 400 tysięcy woluminów, a jego katalog, zawierający tylko nazwiska książek i nazwiska ich autorów, składał się z 44 list po 50 arkuszy. Postęp wiedzy naukowej w Andaluzji wynikał nie tylko z

---

[1] Luther I.O. Questions on the History of Science and Technology. T 39. № 3. Instytut Historii Nauki i Technologii. S.I. Vavilov Instytut Historii Nauki i Technologii RAS Rosja, Moskwa. 2018, str. 424.

przepływu książek i "drenażu mózgów" ze Wschodu; istniały centra naukowe i edukacyjne, takie jak Uniwersytet w Kordobie, gdzie oprócz teologii i orzecznictwa nauczano również matematyki, astronomii i medycyny. Towarzystwo Andaluzyjskie przedstawiło szereg oryginalnych myślicieli w dziedzinie nauk przyrodniczych i dyscyplin stosowanych: astronoma Maslamu al-Majriti, lekarza Abu al-Qasima al-Zahravi i innych. [1]

Trzech andaluzyjskich naukowców było zwolennikami peryferyjności - Abu-Bekr Muhammad Ibn-Baja (ok. 1070-1138), Abu-Bekr Muhammad Ibn-Tufeil (ok. 1110-1185) i Abu-l-Walid Muhammad Ibn-Ahmed Ibn-Rushd (1126-1198).

Zainteresowanie kulturą arabską pojawiło się w Europie bardzo dawno temu, jeszcze w średniowieczu. Już wtedy byli tacy arabscy naukowcy jak Ibn al-Haysam, którego dzieło **"Skarb Optyki"** w XII wieku zostało przetłumaczone na łacinę, Jabir Ibn Khayan, który zajmował się alchemią. Wielkim autorytetem w Europie był Ibn Sina (Avi-tsenna), a zwłaszcza jego prace medyczne. Przetłumaczony na łacinę w XII w. **"Kanon Medyczny"** stał się podstawą nauczania medycyny do końca XVI w. W XVI w. wytrzymał 16 wydań, a w XVI w. - 20. Wielki wpływ na rozwój europejskiej myśli filozoficznej miała praca Ibn Rushda (Averroesa - XII w.), który mieszkał wówczas w muzułmańskiej Hiszpanii. Dzięki niemu Europa zapoznała się z prawdziwym antykiem. Jego komentarze do dzieł Arystotelesa, które stały się znane na początku XIII wieku, pozwoliły teologizowanemu europejskiemu spojrzeniu na Arystotelesa migotać i zobaczyć prawdziwego starożytnego filozofa. 1

O wyjątkowej zdolności do pracy i wszechstronności zainteresowań naukowych Ibn Rushd świadczy również pozostawione przez niego dziedzictwo twórcze. Obejmuje ona prace z zakresu filozofii, nauk przyrodniczych, medycyny, orzecznictwa i filologii. Pod względem formalnym jego prace podzielone są na komentarze i prace samodzielne. Komentarze na temat treści filozoficznych (a częściowo przyrodniczych i medycznych) zostały opracowane przez niego dla dzieł Arystotelesa, Platona (**"Państwo"),** Aleksandra Afrodyzjasza (**"O umyśle"),** Mikołaja Damaskina (**"Pierwsza filozofia"**), Farabiego (traktaty o logice), Ibn Sina (**"Urjuza o medycynie"**) i Ibn Badji (**"Traktat o związku człowieka z aktywnym umysłem").** W sumie Ibn Rushd napisał 38 komentarzy,

---

[1] Sagadeev A. V. Ibn Rushd (Averroes). Z "Thought". 1973, s. 29-30.
[1] Frolova E.A. Historia średniowiecznej arabsko-islamskiej filozofii. Moskwa, BBK 87.3 F-91. "Ifran", 1995, ss. 5.

z których 28 zachowało się w języku arabskim, 36 w hebrajskim, a 34 w łacińskim. [1]

Filozofowie żydowscy zajmowali się tłumaczeniami dzieł Ibn Rushd'a, w szczególności w założonej w XII wieku szkole tłumaczy w Toledo, przeznaczonej specjalnie do tłumaczenia na łacinę dzieł muzułmańskich filozofów i uczonych. To właśnie w Toledo rozpoczęto prace nad tłumaczeniem dzieł Ibn Rushd'a Michaela-Eil'a Scotta i Hermann'a Nemts'a, które w latach 1217-1256 zostały przetłumaczone na język łaciński. W latach 1217-1256 Averroës przetłumaczył duże komentarze do dzieł arystotelesowskich **"O niebie"**, **"O duszy"**, **"Metafizyka"**, średnie komentarze do książek **"Rito Rika"**, **"Poetyka"**, **"O niebie"**, **"O pochodzeniu i zniszczeniu"**, **"Etyka Nikomacha"** i małe komentarze do małych dzieł przyrodniczonaukowych Stagirita. Oprócz Toledo, praca tych tłumaczy odbywała się również na dworze Goghenstaufen na Sycylii, który był kolejnym wczesnym ośrodkiem rozpowszechniania idei Ibn Rushd'a w świecie chrześcijańskim. [1]

---

[1] Sagadeev A. V. Ibn Rushd (Averroes). Z "Thought". 1973, str. 44-45.
[1] Sagadeev A. V. Ibn Rushd (Averroes). Z "Thought". 1973, str. 147.

Studia uczonych muzułmańskich

William Montgomery Watt, słynny arab i profesor honoris causa Uniwersytetu w Edynburgu, pisze: Żadna enklawa chrześcijańska w północnej Hiszpanii nie przetrwała w ścisłej izolacji od wpływów muzułmańskich; wręcz przeciwnie, większość muzułmańskiej Hiszpanii stopniowo utworzyła jednolitą hiszpańsko-arabską kulturę, która z czasem rozprzestrzeniła się na północny zachód i przejęła miejscową kulturę. Na terenach muzułmańskich zarówno chrześcijanie, jak i muzułmanie wydawali się znać arabski, choć obaj używali w codziennym życiu dialektu romańskiego ze słownictwem arabskim.

Chociaż Europa Zachodnia była związana z Cesarstwem Bizantyjskim, pożyczała znacznie więcej od Arabów niż od Bizantyjczyków. Kontrast między Europejczykami i Arabami był głębokim strachem i podziwem, zmieszanym z uznaniem arabskiej wyższości. Pod koniec XI wieku, do czasu zdobycia Toledo (1085), ostatecznego podboju Sycylii (1091) i upadku Jerozolimy (1099), strach znacznie zmalał. Być może to właśnie ta okoliczność pozwoliła Europejczykom skupić się na tym, co podziwiali w arabskiej kulturze duchowej. Może studiowaliby nauki arabskie, nawet gdyby nie mieli tych wojskowych sukcesów, ale faktem jest, że to właśnie w XIII wieku europejscy naukowcy zainteresowani nauką i filozofią zdali sobie sprawę, jak wiele musieli nauczyć się od Arabów, i zaczęli studiować główne dzieła arabskie, a także tłumaczyć je na język łaciński.

Niektóre fragmentaryczne dowody wskazują, że tłumacze łaciny rozpoczęli swoją pracę już w IX w. Pierwszym znaczącym uczonym arabskim był Herbert z Oryaca, który później został papieżem Sylwestrem II (999-1003). W matematyce był właścicielem wynalazku nowej formy rachunków (pierwszy dowód na używanie arabskiego systemu liczbowego w Europie), ale nie uzyskał powszechnej akceptacji. [1]

Arabowie przekazali na łaciński Zachód nie tylko wątki swojej praktyki astronomicznej, ale także starożytne dziedzictwo w dziedzinie astronomii teoretycznej i jego najlepsze przykłady.

Wyznawcy islamu w żaden sposób nie sprzeciwiali się idei kulistego kształtu Ziemi, ponieważ w Koranie nie było naturalnego-filozoficznego obrazu świata.

---

[1] W. Montgomery Watt (Уильям Монтгомери Уотт). Wpływ islamu na średniowieczną Europę. Edinburgh University Press, 1972 Islamic Surveys, s. 9.

Główną cechą wnoszoną przez Arabów obrazu świata i astronomii teoretycznej był synkretyzm.

W matematyce wkład Arabów w naukę europejską jest nie mniej istotny. Przede wszystkim należy wspomnieć o tych pracach matematycznych starożytnych autorów, które zostały sprowadzone przez Arabów do Europy. Są to "Żywioły" Euklidesa, fragmenty **"Stożków"** Apolla, traktaty Archimedesa i innych starożytnych matematyków i mechaników. Należy zauważyć, że to oni sprowadzili do Europy dziesiętny system numeracji opracowany przez indyjskich matematyków Ariabhatha (b. 476) i Brahmagupta (598-660). Indyjscy matematycy przewyższali Greków w arytmetyce i algebrze. Mieli pojęcie zera, potrafili wydobyć pierwiastki sześcienne i kwadratowe, rozwiązywać pewne i niezdefiniowane równania, równania pierwszego i drugiego stopnia, używali funkcji trygonometrycznych do obliczania ruchu ciał niebieskich, ale nic nie przyczyniło się do rozwoju nauk matematycznych, jak trójstronny system rachunku, który został zapożyczony przez Arabów w VIII wieku poprzez stosunki handlowe z Indiami. Całą tę wiedzę matematyczną podsumował żyjący w IX wieku Al-Khwarizmi, którego prace z zakresu arytmetyki, algebry i astronomii zostały przetłumaczone na język łaciński na samym początku XII wieku przez Adelara-doma z Bath i Roberta Chestera. W XIII wieku system dziesiętny upowszechnił się w Europie za sprawą Leonarda z Pizy, który w 1202 roku napisał traktat **"Nauka liczenia", w** którym wyjaśnił, jak używać liczb "arabskich" w praktycznych obliczeniach. Od tego czasu cyfry arabskie stały się szeroko stosowane w obliczeniach komercyjnych, a w praktyce astronomicznej do tworzenia kalendarzy. [1]

Największym zwolennikiem wschodniego arystotelesmu był naukowiec-encyklopeda Ibn Sina. Był winien al-Farabiemu pracę nad rozwojem logiki Aristotel.

Nauki filozoficzne Ibn Sina wywarły również wpływ na idealistyczne nauki szyitów, a w szczególności iszmaelickich filozofów, w szczególności teozofię Nasir-u Khusrau, "filozofię oświetlenia" al-Sukhra verdi oraz filozoficzne dzieła Nasir ad-Din at-Tusi, który opracował również dzieła al-Farabi i Ibn Sina.

Jednak najbardziej reakcyjni ideolodzy islamu negowali filozoficzne nauki Al-Farabi i Ibn Sina, nie wspominając już o Hayyamie. Największym z takich ideologów był al-Ghazzali, który w **"Księdze Odmowy Filozofów"** próbował

[1] Yu A. Kimelev, TL Polyakova, "Nauka i religia". Nauka arabsko-islamska i łaciński zachód. 20 czerwca 2010 r.

obalić nauki woskowej arystotelesowskiej precyzji. Hiszpańsko-arabscy filozofowie Ibn Bajja, Ibn Tufayl i Ibn Rushd bronili wschodniego arystotelesyzmu. **Film Ibn** Rushd'a **"The Overthrow of the Eversion" był** skierowany bezpośrednio przeciwko wspomnianej pracy al-Ghazzali. [1]

Trudno przecenić wkład narodów krajów islamskich w rozwój astronomii. Wystarczy powiedzieć, że większość nazw gwiazd używanych przez astronomów to zniekształcone nazwy arabskie; Język arabski, który był głównym językiem nauki w krajach islamu, zapożyczał również terminy astronomiczne, takie jak *zenit, azymut, almukantaraty* i *alidada,* a niektóre terminy, takie jak *astro-laby* czy nazwa dzieła Ptolemeusza ***"Alma Gest", przyszły do*** nas przez Arabów i są przez nas używane w formie zbliżonej do arabskiej *(asturlab, al-Majas-ti).* Arabskie nazwy gwiazd, które pożyczamy, są również podzielone na stare arabskie nazwy nadane gwiazdom przez arabskich koczowników w epoce przed-islamskiej, a tłumaczenia na arabskie nazwy konstelacji Ptolemeusza.

Słynny orientalista Franz Roseenthal opisał średniowieczną kulturę muzułmańskiego Wschodu jako "triumf wiedzy". [1] Rodak Roseenthala, angielski badacz W. Montgomery Watt[2] również zdecydowanie go ocenił, stwierdzając, że "w okresie od 1100 do 1350 roku Europejczycy byli kulturowo i intelektualnie gorsi od Arabów". [3]

W pierwszych wiekach po podbiciu terytoriów stanowiących część Kalifatu Arabskiego naukowcy z podbitych krajów mogli pracować tylko w stolicy Kalifatu - Bagdadzie i Damaszku, który był stolicą Kalifatu przed Bagdadem.

Praktyka astronomii w starożytnej cywilizacji wiązała się z astrologią i wróżbiarstwem. Te tendencje rzucają cień wątpliwości na umysły wczesnych muzułmanów. Jednak w stworzeniu cywilizacji islamskiej, która odrzuciła astrologię i praktyki wróżbiarskie sprzeczne z wierzeniami islamu, astronomia została wyróżniona jako dyscyplina oparta na naukowych książąt. Rozróżnienie to nie było przypadkowe: astronomia opierała się na naukowych eksperymentach, analogiach i dedukcji, które muzułmanie wykorzystywali do określenia kierunku Kibla (położenia Mekki) i określenia czasu modlitwy. Kierunek wszystkich

[1] Matvievskaya G. P., Rosenfeld B. A. Matematycy i astronomowie średniowiecza muzułmańskiego i ich dzieła (VIII-XVII w.). "Nauka", Redakcja Główna Literatury Wschodniej, Moskwa, 1983, str. 94.
[1] Roseenthal F. Triumf wiedzy. Pojęcie wiedzy w średniowiecznym islamie. Moskwa, 1978.
[2] Watt Montgomery W. W. Wpływ islamu na średniowieczną Europę. Moskwa, 1976. C. 17.
[3] Frolova E. A. Historia średniowiecznej arabsko-islamskiej filozofii. Moskwa, BBK 87.3 F-91. "Ifran", 1995, ss. 5.

głównych meczetów został określony przez astronomów, którzy używali instrumentów izo-świeżych przez muzułmanów.

W starożytnych cywilizacjach astronomia była owiana tajemnicą, ale w okresie opasydowskim, a zwłaszcza w czasie, gdy Ha-lifat Harun ar-Rashid, nauka ta otrzymała specjalny status i w tym okresie była świadkiem bezprecedensowej budowy dużych obserwatoriów o stałej strukturze, w których znajdowały się ogromne, starannie zaprojektowane instrumenty. Z obserwatoriami tymi, wspieranymi przez państwo, związana była znaczna liczba astronomów.

Ożywienie nauki w krajach wschodnich

W dziedzinie astronomii Arabowie uczynili dla europejskiej nauki nie mniej niż w matematyce i medycynie. Przede wszystkim, przyniosły one do chrześcijańskiej Europy główne greckie traktaty astronomiczne. **Almagest"** Ptolemeusza został przetłumaczony z arabskiego Eu-Genu z Palermo w 1154 r., przez Gerarda z Cremonu w 1175 r. i z greki na Sycylię w 1160 r. Jednak nawet w dziedzinie astronomii Arabowie nie wyszli poza czysto praktyczny rozwój i wykorzystanie osiągnięć starożytnych astronomów, zwłaszcza Ptolemeusza. Naukowcy arabscy "dużo oglądali, budowali nowe instrumenty i najwyraźniej byli bardziej aktywni niż Grecy w praktycznej astronomii". Co więcej, dokładność ich obserwacji często przewyższała wyniki starożytności. Celem tych prac nie był jednak dalszy rozwój astronomii - idei, która wówczas była całkowicie nieobecna - lecz kontynuacja i udoskonalenie obserwacji prowadzonych przez ich poprzedników. Astronomia arabska opierała się bowiem na tworzeniu różnych kalendarzy, tablic astronomicznych i ich ścisłym związku z praktyką astronomiczną. Wyjątkiem jest teoria precesji Sabi-ta ibn Korra (826-901). Według Ptolemeusza, precesja jest punktualna i wynosi jeden stopień na wiek. Na podstawie dokładniejszych obserwacji Sabi-ta Ibn Korra stwierdziła, że precesja nie jest stała, jest zmienna i wynika z wahań równonocy wiosennej.

Podstawą arabskiej praktyki astronomicznej były indyjskie traktaty astronomiczne **"siddhan-ty"**, które opierały się na osiągnięciach astronomii greckiej. Tłumaczenie tych książek na język arabski zostało wykonane w Bagdadzie w VIII wieku na rozkaz Kalifa al-Mansoura Muhammada ibn Ibrahima al-Fazariego i zostało nazwane **"Wielki Zad Zad".** Patrz na to: Bulgakow P. G., Rosenfeld B. A., Ahmedow A. A. **"Muhammad al-Khwarizmi".** [1]

Abu Yusuf Yaqub bin Ishaq bin al-Sabah al-Kindi (800-873). Założycielka islamskiej filozofii arabskiej. Jak wielu ówczesnych badaczy, al-Kindi był encyklopedą, matematykiem, metafizykiem, astronomem, kryptografem, filozofem, meteorologiem, optykiem i teoretykiem muzyki. Al-Kindi jest uważany za twórcę muzykologii arabskiej.

---

[1] Yu A. Kimelev, TL Polyakova, "Nauka i religia". Nauka arabsko-islamska i łaciński zachód. 20 czerwca 2010 r.

Al-Qindi urodził się w Kufa w plemieniu Qinda. Na zachodzie znany był pod imieniem *Alkindusów*. Jego ojciec był słynnym władcą Kufa w swoich czasach i szanowanym człowiekiem wśród mieszkańców miasta.

Al-Kindi była świadkiem panowania trzech abasydowskich kalifów: Al-Mamouna, Al-Mutasima i Al-Mutawakkila. Jego rodakami byli tacy sławni astronomowie jak Bin Musa i Sanad bin Ali. Al-Kindi osiągnął wysoką rangę na dziedzińcu Al-Mamun i Al-Mutasim. Al-Mamun zlecił mu nawet tłumaczenie dzieł starożytnego greckiego filozofa Arystotelesa. Al-Mutawakqqil używał go jako osobistego skryba, ale mając z nim pewne nieporozumienia, a także z powodu jego wrogów, postanowił zabrać mu wszystkie swoje dzieła, ale wkrótce wszystkie one zostały zwrócone prawowitemu właścicielowi.

W matematyce posiada takie sławne traktaty jak **"O stosowaniu indyjskiej arytmetyki", "O harmonii liczb", "O jedności pod względem liczby", "O właściwych wielościanach", "O podejściu akordu koła".** W dziedzinie astronomii, jak **"O budowie zegara słonecznego", "O geometrycznej budowie astrolabium", "O kuli armilarnej", "O wyznaczaniu odległości do Księżyca", "O zjawiskach niebieskich", "O ruchu planet"** i inne.

Jest on również uważany za pierwszego, który wypowiada się na temat teorii względności. Podczas gdy naukowcy tacy jak Gaulioi Newton tradycyjnie mówili o mechanice, o tym, że przestrzeń, ruch i ciała nie są ze sobą powiązane, al-Kindi argumentowała, że wszystkie te pojęcia są ze sobą ściśle powiązane.

Al-Qindi odnosi się nie tylko do filozofów arabskich, ale także do założycieli filozofii islamsko-arabskiej w ogóle. Według Cardano, al-Qindi jest uważana za jednego z dwunastu wielkich myślicieli encyklopedii całej naukowej historii.

Abu Yusuf al-Kindi (800-873).

Napisał cztery traktaty o użyciu cyfr indyjskich, wprowadził specjalne obliczenia inżynieryjne w astronomii, o obliczaniu obwodu globu. Obliczył on ruchy ciał niebieskich, słońca i księżyca w odniesieniu do ruchu ziemi i ich wpływu na siebie nawzajem. W tej dziedzinie osiągnął zdumiewające wyniki.

Napisał książki **"O promieniach"**, **"O lustrach zapalających"**, **"O przyczynach niebieskiego nieba"**, **"O przyczynach przypływów i odpływów"**, **"O przyczynach śniegu, niedźwiedzia, pioruna, grzmotu, grzmotu"**, **"O deszczach, burzach i wiatrach"**. Redagował tłumaczenia **Metafizyki** Arystotelesa, **Geografii** Claudiusza Ptolemeusza i dzieł Euklidesa. Dał również skrócone wersje w języku arabskim **"Poetyki" Arystotelesa** i **"Wstępu"** Porfirysza oraz napisał komentarze do arystotelesowskich **"Kategorii"**, **"Drugiej analizy"**, **"Almagestu"** Ptolemeusza i **"Żywiołów"** Euklidesa.

W XII wieku główne dzieła al-Kindi zostały przetłumaczone na język łaciński przez Jiraroma Cremu. Jan z Sewilli (który żył w XII wieku) przetłumaczył "Przewidywanie **zmian w latach i narodzinach**" al-Kindi'ego, ale on lub później uczeni błędnie nazwali autora tego dzieła wielkim naukowcem arabskim Abu Mashar (787-886). Kindi był jego nauczycielem. Był to impuls do dalszego rozwoju wielu nauk na przestrzeni wielu kolejnych wieków. Cesarz rzymski i cesarze bizantyjscy głęboko docenili pracę naukowca. Każdy z nich hojnie podziękował mu prezentami i listami z podziękowaniami za te inwestycje naukowe, których tak brakowało w ówczesnej Europie.

W bibliotekach świata nauki, takich jak ***"Dom Mądrości" w*** Bagdadzie, książki al-Kindi zajęły zdecydowane i dominujące miejsce.

14 września 786 r. piątym kalifem z dynastii Abbasydów był Harun al-Rashid (urodzony mniej więcej w tym samym czasie al-Khorezmi). Imperium Ar-Rashida rozciągało się od Morza Śródziemnego do Indii. Jego syn al-Mamun kontynuował tradycję ojca jako mecenas nauki i założył akademię znaną jako ***Dom Mądrości.*** To właśnie tutaj wiele greckich prac filozoficznych i naukowych zostało przetłumaczonych i zachowanych dla potomności przez arabskich naukowców. Otworzyła również bibliotekę rękopisów, pierwszą znaczącą bibliotekę zbudowaną od czasów słynnej Biblioteki Aleksandryjskiej, oraz gromadziła traktaty naukowe, zarówno na ziemiach Cesarstwa Bizantyjskiego, jak i poza nim. Pomysł utworzenia w ***"Domu Mądrości" katedr*** dla zaproszonych do akademii profesorów indyjskich, tureckich, a nawet greckich; ich nauczanie filozofii, astronomii, matematyki, medycyny i innych nauk dla studentów arabskich w krótkim okresie czasu w pełni się usprawiedliwił i doprowadził do znacznego postępu w edukacji i naukach ścisłych.

Podczas tworzenia imperium islamskiego istniała potrzeba ustanowienia i umocnienia nowej religii, szczególnie na obszarach o ugruntowanej wysokiej kulturze, wśród których były ziemie irańskie. Wpływowe tendencje w muzułmańskiej teologii racjonalnej to Mutaqallim (od słowa "kalam" w rozumieniu słowa bóg), czy priververzhen kobiety muzułmańskiej teologii scholastycznej kalam.

Nurt Calamitas, głównie w osobie Mutazili-tov, w walce z herezją potrzebował silnej broni perswazji, którą mogłaby zapewnić logika. Studium logiki powstało w X wieku w Szkole Bagdadzkiej, która powstała w specjalnym instytucie z biblioteką i obserwatorium astronomicznym, ***Beit al-Hekmat (Dom Mądrości).*** Tłumaczenia Izby Mądrości miały ogromny wpływ na ewolucję nauki języka arabskiego, a dzięki tym tłumaczom możliwe stało się badanie logiki peryferyjnej na całym terytorium od Iranu po Hiszpanię. Praca naukowców i tłumaczy Domu Mądrości przyczyniła się do powstania Bagdadskiej Szkoły Logiki pod koniec IX wieku. Od końca IX wieku i przez cały X wiek, w szkole Bagdadu kwitła logika i aż do politycznego rozwiązania Bagdadu, szkoła ta była jedyną szkołą arabsko-języczną w średniowieczu, w której studiowano logikę. [1]

Oprócz ***"Domu Mądrości"*** Al-Mamoun założył obserwatorium, w którym muzułmańscy astronomowie mogli bazować na osiągnięciach poprzednich cywilizacji.

Główne jądro Bagdadskiego Obserwatorium Astronomicznego składało się z naukowców ze Środkowej Azji, w tym słynnych astronomów Ahmeda al-Ferganiego, Muhammada al-Khwarizmi, Abbasa bin Saida al-Jauhariego, Ahmeda bin Abdullaha al-Mervaziego i innych.

[1] Jabbehdari M. rozprawa o naukach humanistycznych "Nauki logiczne średniowiecznego Iranu i ich znaczenie dla zachodnioeuropejskiej logiki". 2011 - http://cheloveknauka.com/logicheskie-ucheniya-srednevekovogo-irana-i-ih-znachenie-dlya-zapadnoevropeyskoy-logiki#ixzz66Kjxkbmm

Ośrodki naukowe w świecie islamu i jego słynni naukowcy

Al-Khwarizmi i jego kolega Banu Musa byli wśród naukowców ***Domu Mądrości*** w Bagdadzie. W tej akademii tłumaczyli oni greckie rękopisy naukowe, studiowali i pisali prace z zakresu algebry, geometrii i astronomii.

Około roku 830 Muhammad ibn Musa al-Khwarizmi, który odegrał bezprecedensową rolę w rozwoju astronomii i matematyki, opracował pierwszy znany traktat o algebrze, kładąc tym samym podwaliny pod wielowiekową tradycję matematyczną w świecie arabskim. **Hisab al-jabrual-mughabala** (**"Krótka Księga Napraw i Konfrontacji"**) była najbardziej znaną i najważniejszą ze wszystkich dzieł al-Khwarizmi. Powszechnie uznaje się, że traktat ten jest pierwszym poważnym studium naukowym w tej dziedzinie wiedzy.

Praca Al-Khwarizmi nad arytmetyką odegrała ważną rolę w historii matematyki i choć jej oryginalny tekst arabski zaginął, jego treść znana jest z łacińskiego przekładu z XII wieku. jedyny rękopis z tego dokumentu znajduje się w Cambridge.

Część Oceanu Indyjskiego i przestrzeni wodnej między ujściem rzeki Indus a Morzem Czerwonym, nazywa Morzem Czerwonym. Przestrzeń pomiędzy ujściem rzeki Indus a wodami Oceanu Indyjskiego przemywającymi południowo-wschodnią część kontynentu azjatyckiego - Ocean Indyjski. Europa, Azja i Afryka są ograniczone od strony południowej Oceanem Indyjskim, Morzem Etiopskim i Morzem Czerwonym. Hipotetyczne tereny na wyspie zamieszkałe przez antytony (mieszkające po przeciwnej stronie) są oddzielone od wszystkich kontynentów. Wielu nie zgadzało się z tą teorią, a 100 lat później oceany nie są już wskazane w ptolemejskiej **"Geografii" w** północno-wschodniej Azji i na południe od Efio-Piji. W ten sposób na mapie świata Ptolemeusza przestrzeń kontynentu azjatyckiego zostanie znacznie powiększona w kierunku północnym i północno-wschodnim.

Niniejsza praca jest pierwszą, w której przedstawiono systematyczną prezentację arytmetyki opartej na dziesiętnym układzie pozycyjnym obliczeń. Tłumaczenie zaczyna się od słów *"Dixit Algorizmi" (powiedział al-Khwarizmi).* W transkrypcji łacińskiej nazwa Al-Khwarizmi brzmiała jak Algorizmi lub Algorizmus, a ponieważ praca nad arytmetyką była bardzo popularna w Europie, nazwisko autora stało się nominalne - średniowieczni europejscy matematycy nazywali ją arytmetyką.

Autorem jest Abu Abdullah Muhammad ibn Musa al-Khwarizmi al-Medjusi (780-850): **"Księga Rachunków Indyjskich", "Krótka Księga Obliczeń Algebry i Al Mukabali" ("Kitab Muhtasab al-Jabr i Wa'l Muqabala"), "Księga podburzania i konfrontacji" ("Al Qitab al-Muh Tassar fi Hisab al-Jabr wa-l-l-Muqabal"), "Tablice astronomiczne" (zij), "Księga obrazów Zem-li" ("Kitab Surat al-Ard").**

W 287 roku, na przedmieściach Bagdadu, kierował pracami nad pomiarem długości południka, w celu wyjaśnienia wielkości obwodu Ziemi, znalezionego w czasach starożytnych. Stwierdzono wartość łuku 10 wynoszącą 111.815 m. Współczesne pomiary określają tę wartość na 110 938 metrów (różnica 877 metrów).

Ustalenie długości południka było bardzo ważne. Przed nim, próby pomiaru tego stopnia zostały dokonane 250 lat przed Chrystusem w Egipcie przez greckiego naukowca Eratostenesa. Pomiary wykonane przez Eudox nie były w ogóle traktowane poważnie przez naukowców. Nie osiągnął jeszcze 35-letniego wieku Al-Khwarizmi jest poinstruowany, aby kierować ***"Domem Mądrości"***, czyli w rzeczywistości Bagdad Akademii Nauk.

Muhammad al-Khwarizmi (783-850)

Praca **"Księga obrazów Ziemi"** Khorezmi jest uważana za najważniejszą ze wszystkich napisanych w historii nauk geograficznych. Zawiera on wiele informacji o wielu krajach, morzach, rzekach i górach. Al-Khwarizmi podróżował wzdłuż Wołgi i przez Bizancjum.

Niektórzy zachodni historycy i naukowcy, wbrew sprawiedliwości, używają prymitywnych metod, aby przedstawić al-Khwarizmi jako naukowca arabskiego. C. Klatsko-Rynjium przywraca prawdę, nazywając go jednym z największych naukowców świata turkijskiego. Pisze on: "Stosowane we współczesnej matematyce pojęcie *"algorytmu"* można rozumieć jako zapożyczenie z łacińskiej transkrypcji arabskiego imienia al-Rashid, urodzonego w Khiva, głównego bibliotekarza i matematyka Abu-Abdullaha Muhammada ibn Musa al-Khorez-mi al-Medjusi (780-850). Uznawany za turecko-języczne miasto, region Chiva pozostawał niezależny aż do 1873 roku, kiedy rozpoczęła się kampania rosyjskiego cara w Azji Środkowej". [1]

W to właśnie wierzy współczesny europejski naukowiec.

Ahmed ibn Abdullah Al-Marwadi; znany w astronomii jako Habbash Al-Hasib. Jest on właścicielem trzech **Zijas (Zic)**, z których jeden jest obróbką indyjskich tablic zwanych w literaturze arabskiej **"Sindhindh", podczas** gdy pozostałe dwa zostały z jego własnych obserwacji.

Abu-l Wafa, po porównaniu swoich obserwacji z ustaleniami astronoma Al-Mamuna i Ptolemeusza, dokonał ważnej poprawki w teorii Księżyca: wyraźnie pokazał trzecią nierówność jego ruchu, którą Tycho Brahe nazwał później wariacją. W ten sposób Abu-l Wafa wyprzedził Tycho Brahe. [1]

Abu-l Wafa odegrał znaczącą rolę w historii matematyki i astronomii.

Po śmierci Abu-l Wafa, Bagdadska szkoła matematyki zaczęła podupadać. Mistrzostwa przeszły do Kairu, skąd edukacja rozeszła się po całej Afryce Zachodniej i Hiszpanii.

Trzej bracia, Banu Musa Muhammad, Ahmad i al-Hassan, synowie Musa ibn Shakir, pracowali również w Bagdadzie i Samarra, kiedy byli młodymi złodziejami w Khorasan, a później bliskim Caliph al-Mamun. Jego starszy brat Muhammad (zm. 872 r.) zajmował się głównie astronomią, Ahmad mechaniką, a

---

[1] Magazyn Stowarzyszenia Sztucznej Inteligencji. Wiadomości o sztucznej inteligencji. C. Klatsko-Rynjiun. Moskwa, 1993. str. 136.

[1] Kolejna historia nauki. Od Arystotelesa do Newtona, Dmitrija Wasiljewicza Kaljużnego, Siergieja Iwanowicza Walijskiego. "Veche", Moskwa, 2002.

al-Hasan geometrią. Powszechnie znane są ich wspólne **"Księgi poznania miar, figur płaskich i sferycznych"** (**"Kitab ma'rifa misakh al-ashkal al-basit va-l-kuria"**) i **"Księga mechaniki"** (**"Kitab al-hiyal"**). Al-Biruni wspomina o pomiarach astronomicznych braci Banu Musa w Bagdadzie "w ich domu na moście" i w Samarra. Muhammad ibn Musa był autorem **"Traktatu o Ruchu Pierwszej Niebiańskiej Sfery".** (**"Kitab haraka al-falak alula"**) i inne dzieła astronomiczne.

Jednym z wielkich matematyków i astronomów z IX wieku Sabit ibn Kurra (821-901) był uczeń braci Banu Musa. Ibn Kurra był sabijczykiem i chociaż został słynnym astronomem, matematykiem i lekarzem, pracował na dworze kalifa Bagdadu Mu`tadida (892-902), pozostał wierny swojej religii do końca życia i nie przeszedł na islam.

Wspomnieliśmy już, że szable były czcicielami gwiazd - potomkami starożytnych babilońskich kapłanów, w religii których gwiazdy odgrywały bardzo ważną rolę, a w każdej babilońskiej świątyni znajdował się ziggurat - obserwatorium *astronomiczne*, które miało formę piramidy słupowo-konopnej. W czasach hellenistycznych Sabowie uczyli się języka greckiego i nosili greckie imiona (jeden z przodków Ibn Kurra został nazwany Marinem, synem Telemanna). Językiem ojczystym Ibn Kurry był język syryjski, ale płynnie posługiwał się on greką i arabskim.

Ibn Kurra urodził się w głównym mieście Sabieh Harra-ne (dlatego często nazywano go al-Harrani al-Sabi). Znając kilka języków, młody Ibn Kurra był odmieńcem w swoim rodzinnym mieście. Przejeżdżając przez Harran, Muhammad ibn Musa ibn Shakir był zdumiony swoją znajomością języków i zaprosił go do Bagdadu, gdzie stał się głównym naukowcem pod kierownictwem Muhammada i jego braci Ibn Qurra. W tym samym czasie Ibn Kurra był przywódcą wspólnoty sabejskiej w Iraku i znacznie wzmocnił swoje wpływy. Ibn Qurra jest autorem wielu działów matematyki i wniósł istotny wkład w teorię liczb, algebrę, geometrię, trygonometrię sferyczną i metody nieskończoności.

Ibn Kurra był autorem **Almagestu** Ptolemeusza. Kitab fi alat alassa**'at allati tussamma ruhamat"** (**"Kitab fi alat alassa'at allati tussamma ruhamat"**) opisuje teorię zegara słonecznego w różnych pozycjach jego płaszczyzn - zarówno poziomych jak i pionowych i nachylonych, dla wszystkich typów zegarów rozwiązuje się problem znalezienia wysokości i azymutu Słońca w jego deklinacji, szerokości i kącie nachylenia godziny lub podobne problemy. **Książka o zwalnianiu i przyspieszaniu ruchu Słońca wzdłuż ekliptyki zgodnie z jego**

położeniem względem ekscentrycznego okręgu ("Kitab fi ibta" al-Haraka fi-falak al-buruj wa sura `atiha bihasab al-mawadi' allati yakunu fihi min al-falak al-haridzh al-markaz") bada nierównomierny ruch widzialny Słońca. Aby wyjaśnić tę nieprawidłowość, Ptolemeusz zasugerował, że Słońce...

Sabit ibn Kurra (821-901)

porusza się jednolicie nie wzdłuż ekliptyki, ale w kręgu, który jest dla niej ekscentryczny. Ibn Kurra nahodit punkty maksymalnego i minimalnego widocznego ruchu oraz te punkty, w których prawdziwa prędkość ruchu jest równa średniej prędkości w całej ekliptyce.

Książka "Kitab fi sana ash-shams b-r-ra-sad") jest również poświęcona ruchowi Słońca, gdzie długość **roku** syderyjskiego jest określana na podstawie analizy babilońskich, greckich, hellenistycznych i bagdańskich obserwacji ruchu Słońca; W przeciwieństwie do Ptolemeusza, który uważał apogeum ekscentrycznego kręgu za nieruchome, Ibn Kurra uważa, że apogeum to się porusza, a ruch apogeum jest sztywno związany ze zmianą nachylenia ekliptycznego na równiku niebieskim. Do mechanizmu tych dwóch ruchów! to traktat Ibn Kurra **o ruchu ósmej kuli. ("Fi haraka al-falak al-samin"),** gdzie ruchy te związane są z ruchem kuli gwiazd stałych. Tutaj "hipoteza o strachu", która spotkała się z nami w **"Księdze Wprowadzeń"** Al-Khwarizmi, jest szczegółowo przedstawiona z tą różnicą, że w łacińskim opracowaniu traktatu Al-

Khwarizmi za dziewiątą uznawana jest kula gwiazd stałych, a w Ibn Kurra kula ta nazywana jest ósmą. W napisanej przez Ibn Kurrę **"Księdze o obliczeniach widzialności Nowego Księżyca"** (**"Kitab fi hisab ru`ya al-ahilla"**) są (za pomocą obliczeń trygonometrycznych, przy dokładnym obliczaniu - za pomocą trygonometrii sferycznej, przy zbliżaniu - z mocą trygonometrii płaskiej) warunki widzialności Nowego Księżyca.

Sabit ibn Kurra był znany z tłumaczeń prac naukowych. Wielką zasługą Sabitu stały się jego tłumaczenia z greckich **"Podstaw"** Euklidesa, **"Almages-ta"** Ptolemeusza i innych starożytnych autorów. Jego przekłady na język arabski odegrały wyjątkową rolę w rozpowszechnianiu tych dzieł na całym Wschodzie, gdyż charakteryzowały się dokładnością przekazu myśli autorów. Napisał ponad 150 oryginalnych dzieł i tłumaczeń.

Syn Ibn Kurra Sinan ibn Sabit (zm. 942) i wnuk Ibrahim ibn Sinan (908-946) również zajmowali się astronomią. W przeciwieństwie do Ibn Kurra, jego syn i wnuk musieli się nawrócić na islam, a kiedy odkryto, że nadal wykonują obrzędy szabelkowe, byli prześladowani. Sinan był autorem **"Księgi Anwy"** (**"Kitab al-anwa"**), napisanej w duchu astronomii starosyryjskiej i staroarabskiej, wielokrotnie cytowanej w **"Chronologii" przez** al-Biruniego (Anwa' - zjawiska meteorologiczne związane z wyniesieniem niektórych gwiazd), Ibrahim był autorem **Księgi Ruchów Słońca (Kitab fi harakat al-shams), Księgi instrumentów opartych na cieniu (Kitab fi alat al-azlal)** oraz Księgi **Celów Almagestu (Kitab fi agrad al-Majisti).** [1]

Abdul Abbas Tabrizi również żył w IX wieku i był na wpół sławny jako astronom i matematyk.

---

[1] E.A. White. Johann Mueller (Regiomontaine) 1436-1476. Redakcja odpowiedzialna: A.A. Michaiłow, doktor nauk fizycznych i matematycznych B.A. Rosenfeld, Moskwa, "Nauka", 1985.

Tajemnice matematyki i astronomii

Wybitny arabski naukowiec, al-Battani (850-929), który mieszkał w syryjskim mieście Raqqa, był zaangażowany w obserwacje astronomiczne w obserwatorium zbudowanym na własny koszt w latach 878-918. Al-Battani jest znany z łacińskich tłumaczy jako *"Albateg-nius"*. Opracował nowe, bardziej precyzyjne definicje stałej precesyjnej i ekliptycznego kąta względem równika. Wprowadził trygonometryczne funkcje zatoki, stycznej, katangenzy. Książka Al-Battaniego o astronomii w XV wieku została przetłumaczona na łacinę przez niemieckiego naukowca Johanna Mullera (Regiomontand). Tytuł książki w języku łacińskim brzmiał **"Moha-metis Albetini de Scienta Stellarum Liber" ("Księga Gwiazd Muhammada al-Battaniego")**.

Al-Battani, Abu Abdullah Mohammed bin Jabir bin Sina'ah al-Harrani Ali Sabi urodził się w Battan w Mezopotamii w rodzinie dziedzicznych arystokratów i został nazwany *"arabskim ptolemieniem"*.

Jeśli chodzi o praktyczną astronomię, mówi się, że Al-Battani zaobserwował cztery zaćmienia. Nachylenie ekliptyczne do równika wynosiło 23°35 41". Ustalił czas równonocy i rok wydedukowany w 365 dni 5 godzin 24 sekundy, czyli o 2 minuty 26 sekund krócej niż rok jego poprzedników: wniosek ten jest objawieniem, ponieważ pokazał ruch perihelionu słonecznego. Żaden astronom nigdy nie pomyślał o takim ruchu i dlatego nazwisko Al-Battaniego pozostawiono jego potomkom. Dokładniej określił ekscentryczność słonecznej ścieżki nocy i odkrył, że miejsce ziemskiej bliskości słońca jest w ruchu.

Jako niezwykły obserwator, poprawił Ptolemeusza na wiele sposobów. Zauważono więc, że stopień zaawansowania równonocy osiągnął jeden stopień w wieku 66 lat (faktycznie 72 lata), a nie 100 lat, jak twierdził Ptolemeusz. Uważa się, że teoria Ptolemeusza wyjaśniająca skomplikowany ruch księżycowy okazała się dla Al-Battaniego niezadowalająca, co nie zmusiło go jednak do rezygnacji z **"Almages-Ta". W chwili obecnej trudno jest** zdecydować, czy nie miał odwagi wyrzec się systemu z powodu nadmiernego zachwytu nad jego twórcą, czy też, przy całej swojej zdolności obserwacji, nie był w stanie zaoferować swojego projektu dla struktury świata. [1]

[1] Kolejna historia nauki. Od Arystotelesa do Newtona, Dmitrija Wasiljewicza Kaljużnego, Siergieja Iwanowicza Walijskiego. "Veche", Moskwa, 2002.

Udało mu się skorygować ustaloną przez Ptolemeusza roczną wartość przedakcesyjną na poziomie 36//. Kompozycja Al-Battaniego **Ziji Sabi**, dzięki tłumaczeniom Plateau Tivalskin, Maslam Ahmed Bin Mag-rita i Regiomonthan, została szeroko rozpowszechniona wśród europejskich astronomów.

Rozwój właściwego dziedzictwa greckiego rozpoczął się od al-Fergani (IX wiek). Napisał dzieło o podstawach astronomii, składające się z krótkiego komentarza na temat Ptolemeusza. Pierwsze tablice astronomiczne oparte na systemie Ptolemeusza były tablicami al-Battaniego (858-928), który napisał również komentarz do Almagestu. W X wieku, biorąc pod uwagę i wyciągi ze stołów Ptolemeusza autorstwa Al-Battaniego, Al-Khwarizmi przeliczył stoły Maslamy ibn Ahmada na południk Kordoby. [1]

Farabi zwraca uwagę na Platona, ale widzi całkowitą jedność między religią a filozofią. Porównując religię i filozofię, dostosowuje podstawy religii do teorii, a wtórne zasady religii do filozofii praktycznej.

Wyjaśniając swoje filozoficzne zasady, Farabi podjął wiele starań, aby zbliżyć do siebie religię i filozofię. Ibn Sina również często stosowała metodę Farabiego.

Ale, jak wiemy, ta metoda konwergencji miała oczywiste sprzeczności. Ibn Rushd Andalusi nie zaakceptował więc filozoficznej metody Farabiego i Ibn Sina, a Ibn Khaldun nadal uważał, że udało im się połączyć filozofię i religię w jedną całość.

Obecnie, niestety, jest wielu, którzy leniwie zaglądają do książek filozoficznych, a przynajmniej do książki **"Mukaddam"** Ibn Khaldun. Ale tacy ludzie często myślą, że filozofia islamska jest "mieszaniną" różnych wpływów, różnych kierunków filozoficznych, i nie ma żadnych podstaw w samym islamie. W rzeczywistości nauki Abu Nasra Al-Farabiego i Ibn Sina nie były, z grubsza, "zacieraniem się" i czystym podążaniem za uwagami tego samego Arystotelesa, choć miały pewne nieścisłości i pewne sprzeczności.

Jak wiadomo, Ghazali i Fahr Razi nie negowali filozofii, ale uznali argumenty za zbliżenie filozofii i religii za niepełne i niewystarczające. 1

Jednym z najbardziej szanowanych naukowców średniowiecza był Abu Nasr Muhammad ibn Muhammad al-Farabi (870-950). Urodzony w uzbeckim mieście Farab, naukowiec dużo podróżował. Napisał wiele prac z zakresu filozofii, matematyki, medycyny, astronomii i muzyki. Ibn Hallikan, wybitny arabski

---

[1] Yu A. Kimelev, TL Polyakova, "Nauka i religia". Nauka arabsko-islamska i Latin West 20 czerwca 2010 r.
[1] Rizo Dovari Ardakani, Iran-Nazwisko. Dziennik naukowy orientalistów. № 3. (23) 2012. s. 73.

uczony, napisał o nim: "...Turek, z pochodzenia Al-Farabi, jest znanym filozofem i komponował utwory z dziedziny logiki, muzyki i innych nauk. Jest on najgenialniejszym muzułmańskim filozofem i nie ma sobie równych w dziedzinach naukowych".

Abu Nasr Muhammad ibn Muhammad al-Farabi (870-950)

W astronomii Al-Farabi znany był z komentarzy na temat **Almagestu** Ptolemeusza. Al-Farabi jest dość znanym naukowcem na świecie, ale niesprawiedliwe jest nazywanie go najbardziej błyskotliwym filozofem świata muzułmańskiego.

Orientalny arystotelesizm powstał w X wieku i jest związany z nazwą al-Farabi, który był nazywany "drugim nauczycielem-nauczycielem" (tzn. drugim Arystotelesem; zauważmy, że **"metafizyka"** Arystotelesa była często nazywana **"Pierwszą Filozofią"**, al-Farabi był autorem encyklopedii **"Druga Nauka")**. Tutaj znajdują się traktaty filozoficzne al-Farabi. Choć al-Farabi był pod wpływem neoplatonizmu (por. jego **"Księga o wspólnym spojrzeniu dwóch filozofów - Boskiego Platona i Arystotelesa"**), był on ostro przeciwny Kalamowi, próbował wyjaśnić wszystkie wpływy natury z naturalnych prawidłowości. To właśnie w Al-Farabi arystotelesia staje się wiedzą o walce z ortodoksyjnym islamem, a a arystotelesowska logika, której rozwojowi poświęconych jest szereg traktatów Al-Farabi, jest instrumentem badań naukowych... Należy zauważyć, że losy arystotelesowskiej filozofii były inne na Zachodzie i na Wschodzie. Naukowość chrześcijańska opierała się na idealistycznych aspektach nauk Arystotelesa, podczas gdy w krajach arabskich i na Bliskim Wschodzie materialistyczne aspekty jego nauk uległy znacznemu rozwojowi. [1]

Jeśli Farabi w swojej filozofii zaczynał od miejsca, w którym zaczęli się starożytni Grecy, to nie można go nazwać filozofem-filozoferem-pochodzącym, w tym przypadku Farabi jest tylko naukowcem i badaczem. Jeśli jednak weźmiemy pod uwagę fakt, że Farabi był "pełnym mistrzem zasad filozoficznych", miał własne zdanie i nie podążał "tylko" za filozofią starożytnej Grecji, to możemy powiedzieć, że Farabi był założycielem filozofii islamskiej. Wszakże filozof-filozof otwiera coś nowego, interpretuje to lub tamto postanowienie inaczej, jeśli nawet zewnętrznie mają one wspólne podobieństwa z filozofią tego samego Arystotelesa i powtarzają niektóre z jego twierdzeń filozoficznych.

Po takim wprowadzeniu uważamy, że teraz można postawić następujące pytanie: w czasie, gdy nauki w świecie islamskim przybrały porządek i konkretny kształt, gdy muzułmanie adoptowali je z innych narodów, zwłaszcza ze starożytnych Greków, co Farabi miał wspólnego z całym światem islamskim? 1

Słynny naukowiec Buzjanly Abu-l Wafa (939-999) zajmował się rozwiązywaniem teoretycznych i praktycznych problemów astronomii. Opublikował wiele bezcennych prac z zakresu arytmetyki, algebry, geometrii i astronomii. Wybierając Księżyc jako główny obiekt swojej uwagi, wyprowadził równość ruchu tego satelity zwanego "wariacją".

W 960 roku Muhammad ibn Muhammad ibn Yahya ibn Ismail ibn al-Abbas al-Buzjanli przybył do Bagdadu i prowadził badania naukowe w miejscowym obserwatorium.

---

[1] Г. P. Matvievskaya, BA Rosenfeld. Matematycy i astronomowie średniowiecza muzułmańskiego i ich dzieła (VIII-XVII w.). "Nauka", Redakcja Główna Literatury Wschodniej, Moskwa, 1983, s. 93.

[1] Rizo Dovari Ardakani, Iran-Nazwisko. Naukowe czasopismo orientalno-pedagogiczne. № 3. (23) 2012. s. 72-73.

Buzjanly Abul Wefa (939-999)

Pisał wyjaśnienia dla Euklidesa i Diofanta, napisał traktat o arytmetyce, zajmował się obserwacjami astronomicznymi, poprawił tabele swoich poprzedników i sporządził oryginalny **"Almagest",** którego pierwsze rozdziały zawierają wzory stycznych i sekantów oraz tabele stycznych i katangów (wprowadził je) dla całego ćwierćkola. Abu-l Wafa, podkreślając je w swoich trygonometrycznych obliczeniach,

uprościł bardzo skomplikowane i niewygodne formuły, które obejmowały zarówno zatoki jak i kosinusy poszukiwanych kątów. Te ulepszenia w trygonometrii są niesprawiedliwie przypisywane niemieckiemu naukowcowi Regiomontandowi, ale w rzeczywistości już sześćset lat przed nim były one wykorzystywane przez Arabów.

Ibn Younis (Abul Ghassan ben Abderrahman ben Ahmed ben Younis Abdala ben Musa ben Mesara ben Gafez ben Gian), urodzony w Egipcie w połowie X wieku (1008), należał do starożytnej rodziny jemeńskiej. Jego ojciec, Abu Sayed Abd al-Rahman, napisał historię Egiptu. On sam otrzymał wspaniałe wykształcenie i udowodnił, że można być muzykiem, poetą i matematykiem jednocześnie.

Opracował wiele praktycznych technik i pravilasów, które przybliżają arabską trygonometrię do najnowszego zastosowania stycznych zainicjowanego przez Abu-l Wafa oraz wielu innych metod pomocniczych ułatwiających obliczenia wynalezionych w Egipcie. Jesteśmy też winni Ebn Younisowi skrzata z dobrą i ważną korektą w greckich tabelach. Z tych powodów jego książka zastąpiła **Almagest Ptolemaic** na całym Wschodzie. Tablice księżycowo-solarne Ebn-Younisa zostały przepisane:

1) Persowie w tabelach Omer Keim, które pokazują prawdziwą wartość roku tropikalnego (1079);

2) przez Greków w **"The Syntax of Chrysococcus."**

3) w **"Tables of Ilkhan"** (**"Zij Ilkhani"** - R.D.) Nassir Eddina Tussy;

4) przez Chińczyków w astronomii K°-Chu-King. (Go Shu Ching - R.D.) [1].

W ten sposób wpływ uczonego ze szkoły w Kairze rozszerzył się na zachód i podekscytował działalność naukowców z Maghrebu i Hiszpanii.

---

[1] Kolejna historia nauki. Od Arystotelesa do Newtona, Dmitrija Wasiljewicza Kaljużnego, Siergieja Iwanowicza Walijskiego. "Veche", Moskwa, 2002.

Sheikh Mohammedali Babakuhi Bakuvi

Chociaż Azerbejdżan jest małym krajem, zawsze wyróżniał się wśród innych krajów swoimi naukowcami, poetami i myślicielami. Powodem jest fakt, że od wczesnego średniowiecza nauce, kulturze, sztuce i literaturze poświęca się szczególną uwagę i wychowuje utalentowanych specjalistów, aby rozwijać te sfery działalności. Ponadto azerscy naukowcy zawsze byli głęboko zainteresowani procesami naukowymi zachodzącymi w krajach sąsiadujących z naszymi granicami i uczestniczyli w niektórych z tych naukowych osiągnięć.

Naukowiec Ziya Buniyatov zauważył, że od wczesnego średniowiecza wielu azerbejdżańskich naukowców angażuje się w badania i nauczanie wielu dyscyplin naukowych w Bagdadzie, Mosulu, Aleksandrii, Azji, Kairze i innych miastach arabskich. Pokazuje to, że wiele miast Azerbejdżanu posiadało już od czasów starożytnych bardzo skuteczne instytucje edukacyjne.

Profesor N.K.Keremov pisze: w zbieraniu obszernych i wiarygodnych informacji o przyrodzie, jakości ludności i działalności gospodarczej na Kaukazie i w Azji Środkowej, na Bliskim i Środkowym Wschodzie, w Indiach i Afryce Północnej, czołową rolę odegrali azerscy geografowie i podróżni. [1]

Słowa N. Keremova są uczciwe i poparte faktami. Od wczesnego średniowiecza wielu znanych Azerbejdżańczyków podróżowało i zbierało różne ciekawe informacje. Jednym z nich był Mohammed Ali Babakuhi Bakuvi (931/32-1051) - filozof, podróżnik, naukowiec, poeta, który studiował również kosmografię. Orientalista i badacz Y.E. Bertels nazwał swoje pełne nazwisko "Szejk Mohammedali Abu-Abdullah Mohammed ibn Abdullah ibn Ubeidullah ibn Ahmed Shirvani Babakuhi".

Według szejka Abdullaha Ansariego, Abdurrahmana Jamiego i Aliazhdara Seyidzade Babakuhi, podróżował do Iranu, Azji Środkowej, Arabii i ewentualnie Indii. Profesor Eibaly Mehralijew pisze z tej okazji: "Sh. M. Babakukhi od ponad 20 lat podróżuje do wielu części Iranu, Azji Środkowej i Indii. Podczas podróży niezmiennie zapisywał to, co widział, spotykał się z lokalnymi naukowcami, dzielił się z nimi swoimi przemyśleniami na temat procesów zachodzących w świecie muzułmańskim, uczestniczył z nimi w działaniach społecznych i

[1] Keremov N.K. The Journey of Goodsy. Moskwa, "Thought", 1977. str. 5.

filozoficznych, odgrywał ważną rolę w badaniu tradycji i zwyczajów miejscowej ludności...". [1]

Bakuvi w Shiraz spotyka Abu-l-Hasan al-Ashari i staje się jego ulubionym uczniem, a następnie w Khorasan zbiega się z wybitnymi sufi tego czasu - Sulami i Kushayri, z Abu Said ibn Abu-l-Khair; od 1030 roku. (po śmierci Sulamiego) przez długi czas kierował Sufi khanaka w Nishapur. Swoje stare życie spędził jako pustelnik w ustronnej jaskini na górze w pobliżu Shiraz. 2

Babakuhi, podobnie jak starożytni naukowcy, zaakceptował ideę oceanu świata. Nietrudno to zrozumieć z jego wierszy.

"Niewidzialny brzeg, rozciągający się daleko.
Wszystko zostało ogłoszone wielkim morzem,
Natura obmyła mu serce Kuhi,
Tak mędrcy chwytają światy." [3]

W swoich gazelach przedstawiających obrazy natury, która go otacza podczas podróży, mówi również o swojej wizji świata jako historyka i geografa UE. W swoich wierszach przywodzi na myśl sferyczny kształt Ziemi:

"Biały kogut stał się twoją miłością",

Jajko jest jak świat,

Słońce jest, jajka są żółtkiem,

To jest wnętrze natury." [1]

Profesor E. Mehraliev tak ujawnia znaczenie tych wersetów: "Naukowy osąd poety jest ukryty za kurtyną miłości". Porównanie świata (czyli Ziemi E. M.) z jajkiem i słońcem w jego centrum to podstawowa zasada heliocentrycznej budowy wszechświata. Mówi się również, że jest to naturalny proces spowodowany przez prawa natury. Charakterystyczne jest, że te naukowe stwierdzenia nie straciły jeszcze swojego naukowego znaczenia.

W warunkach szybkiego rozwoju i rozprzestrzeniania się nowej religii - muzułmanów, wyrażanie myśli sprzecznych z dogmatami religijnymi było bardzo ryzykowne. Dlatego naukowiec musiał zwrócić się do obwodu. Jednak

---

[1] E. Mehrəliyev. Babakuhi Bakuvi (Nişapuri, Şirazi) və Pirhüseyn Şirvani. Bakı, "Nafta-Press". 2002. səh. 37.
[2] Rzakulizade S.J. Myśl filozoficzna o Azerbejdżanie. Sochi-Nenia. Baku, "Teknur", 2010. ss. 53-54.
[3] Tłumaczenie na Azerbejdżan autorstwa E. Mehralijewa.
[1] Tłumaczenie na Azerbejdżan autorstwa E. Mehralijewa.

Babakukhi, jako człowiek nie mógł oddzielić się od swojej epoki, ale swoim wyobrażeniem o strukturze Wszechświata zdefiniował na 30-40 lat genialnego khorezmskiego uczonego Abu-Reyhana Bira-ni. Hipoteza o heliocentrycznej budowie wszechświata dla tej epoki była absolutnie nowatorska. Wystarczy przypomnieć, że polski naukowiec N. Koper-nik postawił tę hipotezę 500 lat później...

Z drugiej strony, jako odpowiednik Ziemi przynoszone jest jajko - z żółtkiem przypominającym słońce, znoszonym przez kurę, kura jest figuratywnym wyrażeniem reprezentującym ciągle powtarzający się proces biologiczny. Ale te nowatorskie pomysły nie są jawne, ale pokryte mitami i tekstami. [1]

Wspominając o "jajku świata" w świetle kolografii sufi, należy rozumieć, że nie mówimy o wszechświecie, ale o kuli ziemskiej. [2]

Moim zdaniem, w tym wersie Babakukhi nie mówił o Ziemi, ale wyraził swoje zrozumienie struktury wszechświata.

Na półkuli "...Jajo jest jak świat", naukowiec rysuje obraz nie Ziemi, ale Wszechświata, ponieważ Słońce w swoim centrum naprawdę wygląda jak żółtko jajka. Na półkuli "natura położyła go wewnątrz" Babakukhi donosi o bezruchu Słońca. W tym przypadku, to już nie Słońce obraca się wokół Ziemi, ale Ziemia wokół Słońca.

Z tą myślą azerbejdżański naukowiec naprawdę wyprzedził Mikołaja Kopernika o 500 lat. Prawdopodobnie Babakukhi nie ograniczał się do wierszy, aby wyrazić swoją ideę, ale odzwierciedlał swoje poglądy w kronikach naukowych. Jednocześnie muszę przyznać, że nie miał on żadnej wiedzy z zakresu astronomii na poziomie zawodowym w porównaniu z wieloma bardzo znanymi naukowcami z Bliskiego Wschodu. Możemy założyć, że ta wiedza o strukturze Ziemi i nieba została podkreślona przez jego wybitnych współczesnych, takich jak Buzjanly Abdul Wefa, Abdurrahman al-Sufi, Abu Reyhan Biruni, Hamid al-Khojandi i Abu Nasr ibn Iragi. To prawda, że znane nam dokumenty historyczne nie wspominają o spotkaniach z wyżej wymienionymi naukowcami. Można jednak z pełnym przekonaniem twierdzić o ich komunikacji między sobą. Po prostu, aby znaleźć dokumenty historyczne, nasi specjaliści od orientalistyki powinni szukać ich w Teheranie, Shiraz i Hamadan bibliotekach państwowych i archiwach rękopiśmiennych. Chodzi o to, że Babakukhi zapoznał się z dziełami Husseina al-Khorezmi, al-Farabiego, Abu Ali ibn Sina, al-Balhi, Abu Reikhana Biruni, Nasri

---

[1] E. Mehrəliyev. Babakuhi Bakuvi (Nişapuri, Şirazi) və Pirhüseyn Şirvani. Bakı, "Nafta-Press". 2002. səh. 37.
[2] E. Я. Bertels. Sufizm i literatura sufistyczna. Moskwa, 1965. str. 283, 284.

Khosrova i innych geniuszy podczas swojego pobytu w Chhorezmie, gdzie poznał wielu uczonych. Dlatego też hipotezę o jego komunikacji ze słynnymi naukowcami Wschodu można podać jako fakt.

Wiele prac naukowych naukowca nie dotarło do naszych czasów. Nie powinniśmy zapominać, że ten 120-letni naukowiec często odwiedzał Maragha, Hamadan, Khorasan, Bagdad, Isfahan, Rei, Shiraz i inne miasta, w których brał czynny udział w naukowych mej-lichach, które tam się odbywały.

Nie ma wątpliwości, że prace naukowca mogły być przechowywane w bibliotekach azerbejdżańskiego historyka Raszidaddina i w tej, którą Tusi zebrał w obserwatorium Maragha. Nie można zaprzeczyć, że Tusi czytał niektóre z dzieł Babakuhi'ego. W związku z tym kosmograficzne myśli Babakuhiego w pewnym stopniu wpłynęły na myślenie światowej sławy astronoma i matematyka.

W X i XI wieku, pomimo braku obserwatorium w Azerbejdżanie, możemy z pełną pewnością stwierdzić, że poziom rozwoju astronomii i geografii był bardzo wysoki. Jeszcze przed Tusi poglądy Baby-kuhi na temat Ziemi, Wszechświata i Galaktyki odpowiadały współczesnym, a jego wiersze służą jako dowód.

Wszechświat składa się z niezliczonych ciał kosmicznych, z których jednym jest nasza Ziemia. Słońce jest nieruchome, a Ziemia obraca się wokół niego. I wreszcie, z całej przestrzeni życia ludzkiego na planecie składającej się z lądu i wody, większość z nich pokrywa światowy ocean - Wielkie Morze. To pokazuje zaangażowanie Babakuhi w heliocentryczną strukturę systemu.

Dla dobra sprawiedliwości należy zauważyć, że greccy naukowcy odegrali nieodzowną rolę w przyspieszonym rozwoju astronomii na Wschodzie. Ponieważ przed rozpoczęciem swojej działalności słynni naukowcy orientalni studiowali przede wszystkim dzieła wielkich Greków. Wpływy greckiej szkoły naukowej były kontynuowane w średniowieczu, co znacznie przyczyniło się do rozwoju nauki na Bliskim Wschodzie.

Biorąc pod uwagę wszystko powyższe, chciałbym zauważyć, że nauka grecka rozpowszechniła się na Bliskim Wschodzie i Kaukazie od wczesnych lat, znajdując się na żyznym gruncie. Wielu naukowców postrzega to jako fakt.

Niektórzy historycy mówią niesprawiedliwie o mu-sulmanach jak barbarzyńcy. Chociaż to właśnie muzułmanie uratowali naukowe dziedzictwo starożytnego świata i przekazali naukowy skarb średniowiecznym naukowcom Europy, w szczególności światu chrześcijańskiemu.

Wielu autorów pozytywnie ocenia powstanie Unii Islamskiej, jednak znacznie wcześniej, od pierwszej połowy V wieku, autorytatywna i renomowana grecka nauka, choć nie w pełni reprezentowana, ale dzięki politycznym i ekonomicznym związkom z Bizancjum zyskała popularność na Bliskim Wschodzie i w Iranie. W Syrii i Libanie nauczyciele spoza Torunia uczyli filozofii greckiej. W 431 roku, decyzją Rady Ekumenicznej, wszystkie szkoły Nestorian zostały zamknięte, a nauczyciele przenieśli się do Iranu, gdzie zaczęli tłumaczyć greckie dzieła na język syryjski. [1]

W późniejszym okresie, w 1149 roku, Hagani Shir-vani przyjaźniła się z bizantyjskim księciem Comnenusem. [2]

Filozofia panteistyczna w Azerbejdżanie z X-XII w, Baba Kuhi Bakuvi i Ainal-Kuta Miyanedzhi można określić jako średniowieczny panteizm, który charakteryzuje się pewnymi tendencjami idealistycznymi: Idea tożsamości Boga i świata nie jest w pełni spójna, istnieje wahanie w takich sprawachjakfilozoficzne stanowisko ich poddanych, kwestie takie jak stworzenie lub nieistnienie świata, transcendencjalub immanentność Boga wobec świata, o woli ikoniecznościitp. Bóg w ich doktrynie, tworzący merytoryczną podstawę wszystkich rzeczy, będąc w nich obecnym, jestdla nich nadal osobisty i doskonalszy od nich.

Studium światopoglądu azerbejdżańskiego panteistyBa Ba Qukhi Bakuvi (XI wiek) pokazało nam obecność znaczących elementówdialektyki w jego przedsiębiorstwie światowym.

W tym okresie w Azerbejdżanie rozpowszechniły się i rozwinęły główne nurty filozoficzne charakterystyczne dla islamskiego Wschodu, a w osobach azerbejdżańsko-japońskich myślicieli miały one swoich największych przedstawicieli. Tak więc, peryfatyzm był reprezentowany przez Bakhmaniyar, panteizm przez Baby Kuhi i Ayn al-Kuzat, a Ishrakiyya przez Sukhraverdi. - Sufizm był najbardziej rozpowszechnionym ruchem mistyczno-eretycznym w Azerze-Bajdżanie w tym okresie, podobnie jak w innych krajach wschodnich. - Pierwotnie pojawiający się tylko jako mistycznie zabarwiony nastrój ascetyczny w islamie, sufizm zmieniał się z czasem. Jak zauważa I.P. Petrushevsky, począwszy od IX wieku. "Mistyczne i ascetyczne nastroje pierwszego etapu rozwijały się powoli i spekulacyjnie, a z czasem było ich wiele. Nie było już ani jednego Sufizmu. Sufizm zaczął być rozumiany jako różne nurty mistyki muzułmańskiej i ezoteryzmu, zarówno "sprawiedliwe", jak i "heretyckie", czasem

[1] Isachenko A. A. Rozwój idei geograficznych. Moskwa, "Thought", 1971. pp. 11.
[2] Kəndli-Herisçi Q. "Xaqani Şirvani." Bakı, 1988. səh. 517.

spokrewnione, czasem dość odległe od siebie. Jak daleko te prądy się rozeszły, możemy ocenić z faktu, że R. Nicholson zbierał z pisemnych źródełprzed V - XI wiekiem naszej ery. 78 definicji thasavvuf i jego treści".

To właśnie na bazie sufizmu wyłonił się panteistyczny trend w filozofii i zaczął się rozwijać w Azerbejdżanie, podobnie jak na całym islamskim wschodzie. - Największymi przedstawicielami panteizmu w Azerbejdżanie w badanym okresie są Mohammed Ali Bakuvi (Baba Kuhi) (d. 1050-1052) i Abu-l Fazayil Abd-Allah ibn Muhammad Miyanedi (Ayn al-Kuzat Hamadani) (d. 1138-1139, według innej wersji - 1148-1149). Nie będziemy się rozwodzić nad szczegółami ich biografii w tym dziele, tym bardziej, że nie możemy dodać nic nowego do tego, co jest raportowane na podstawie danych z tez średniowiecznych o Babie Kuhi w dziełach L. Massignon, E. E. Bertels, A. A. Seyid-zade i S. Massignon. D. Rzakuli-zade i o Ain al-Kuzat w pracach L. Massignon, E. E. Bertels, Afif Oseiran (badacz z Iranu), G. Kaidli, M. Mahmudov, I. M. Umarov, 3. 3. Mamedova. [1]

Baba Kuhi jest autorem traktatów i poetyckiego zbioruwierszy - Diwan; znane są mu trzy utwory w języku arabskim: **"Bidayat khal al-Hallaj", "Akhbar al-Arifin"** i **"Akhbar al-gafilin".** [1] A. A. Seid-zade wśród swoich dzieł arabskich wymienia również "Zbiór **biografii sufi", "Zbiór hadytów" i "Aforyzmy". "Biografie sufi" i "Bidayat khal al-Khallaj"** wydają się być tym samym dziełem, albo to drugie jest częścią **"Zbioru biografii sufi",** a pozostałe dwa dzieła: **Kolekcja hadytów"** i **"Aforyzmów", nie natknęliśmy się na** żadne doniesienia o nich w znanych nam źródłach i w literaturze, a A.A. Seyid-zade nie podaje żadnych odniesień do źródeł, z których uzyskał informacje o przynależności do nazwanych dzieł Bakuvi.

Z tych dzieł został znaleziony i wydany przez L. MasSinon tylko **"Bidayat khal al-Hallaj"** (biografia al-Hallaj) w książce **"Recueil de textex inedits concernant"** (Paryż, 1929).

Niestety, nie mamy tego traktu Bakuvi i dlatego nie mogliśmy go wykorzystać w naszej pracy.

E.E. Bertels pyta, czy kanapę związaną z imieniem Baba Kuha można uznać za stworzoną przez szejka Ibn Bakuya, autora naukowego ryżu? Czyli Baba Kuhi i Ibn Bakuya, jak twierdzi wiele źródeł, to ta sama osoba? Czy XI-wieczny Diwan to naprawdę prawdziwy Diwan Baby Kuhi? I E. E. Bertels odpowiada twierdząco

---

[1] S.J. Rzakulizade Filozoficzna myśl o Azerbejdżanie. Sochi-Nenia. Baku, "Teknur", 2010. ss. 53-54.

[1] Bertels E. E. W artykule "Dwie gazele Baba Kuhi" nazywają trzy trea-taty, a w "Przedmowie do Sofy" - dwa trea-taty. Patrz: E.E. Bertels. Sufizm i literatura sufi, s. 280 i 292.

na te pytania na podstawie niektórych swoich badań nad treścią, techniką poetycką i językiem Sofy. [1]

Kanapa Bakuvi przyszła do nas w najrzadszych, pojedynczych listach. [2] europejskie depozytariusze certyfikowali 3 rękopisy jego sofy: w bibliotece Muzeum Brytyjskiego, [3] w Instytucie Narodów Azjatyckich w Leningradzie, [4] i na Uniwersytecie Państwowym w Leningradzie. [5] Wygląda na to, że Iran posiada kilka wykazów Sofy, ale nie są one certyfikowane w katalogach irańskich depozytariuszy książek. Sofa Baba Kuhi została wydana w Iranie trzykrotnie: pierwsze wydanie (Shiraz, 1940) zostało poddane ostrej krytyce, ponieważ zostało przygotowane z jednego rękopisu, bez tekstu krytycznego, drugi raz Sofa została wydana w 1953 roku w Shiraz, a trzeci- w 1956 roku w Teheranie.

Diwan Baba Kuhi, jeden z rzadkich przykładów poezji sufickiej tamtej epoki i najwcześniejszy zabytek filozofii panteistycznej w Azerbejdżanie, o ile nam wiadomo, jest nieocenionym źródłem do badania historii panteizmu w Azerbejdżanie. Traktat Ayn al-Kuzat jest interesujący jako próba dostarczenia teoretycznych podstaw dla panteizmu, a nie ma większego znaczenia dla podkreślenia historii filozofii panteistycznej. [1]

---

[1] Bertels, E. E. Sufism and Sufi literature, Moscow, "Nauka", 1965. str. 292-296.

[2] Na rękopisach Diwan Baba Kuhi Bakuvi zobacz..: S. Rieu, Suplement do rękopisu perskiego w British Museum L., 1895, s. 179, nr 27, 11;

[3] Bertels, E. E. Sufism and Sufi literature, str. 296-299;

[4] Tagirjanov A. T. Diwan Baba Kuhi w badaniach VA Żukowskiego. W książce: "Esej o historii rosyjskiego orientalistyki". Moskwa, 1960, Coll. V, strona. 59-62;

[5] Vorozheikin Z. N. O castinguBaby Kuhi i Baby Tair's Raturne Heritage w kolekcji: "Filologia irańska". L., 1964, s. 149-152.

[1] C. J. Rzakulizade. Myśl filozoficzna w Azerbejdżanie. Sochi-Nenia. Baku, "Teknur", 2010. ss. 55-56.

Prace naukowe wybitnych naukowców Wschodu

W X wieku na Wschodzie funkcjonowało już kilka dużych ośrodków badawczych: Obserwatorium Kairskie w Egipcie, Obserwatorium Rzeszy w Iranie i Akademia Kalifa Mamuna w Azji Środkowej.

Założycielem i dyrektorem naukowym Obserwatorium w Kairze był Abu-l Hassan Ali ibn Younis al-Sada-fi (ok. 950-1009). Jest autorem katalogu astronomicznego **"Wielkiego qizidzh al-Hakimi"** Kalifa al-Hakima (**al-Zij al-Kabir al-Hakim**). Tusi, w swojej pracy **"Zij Il-Khani",** chwalił tę pracę.

Znany perski astronom i matematyk Abu-l Husajn, Abdarrahman ibn Umar al-Sufi urodził się w Shiraz (903-986), zajmował się tłumaczeniami z greckich dzieł astronomicznych, głównie **"Almages-Ta"** Ptolemeusza. Założył obserwatorium w mieście Rhea i stał się znany przede wszystkim jako twórca pracy astronomicznej **"Lista gwiazd stałych",** która zawiera katalog 1017 gwiazd. Ta praca

Al-Sufi miało wielki wpływ na dalszy rozwój astronomii, było używane i często cytowane.

Odwiedzili go Al-Biruni, Abu-l Hayun ibn Younis, Nasired-Din Tusi, islamscy uczeni tworzący **"Alfoniczne Suwerenne Tablice"** oraz astronomowie z Obserwatorium Ulugh Beg. Al-Sufi napisał wiele innych prac naukowych, z których wiele zostało kilkakrotnie przetłumaczonych na język łaciński w XII i XIV wieku. W 1874 roku katalog ten został wydany przez Shellerup. W Sankt Petersburgu francuskojęzyczna wersja katalogu to **"Decreption de etoiles fixes"** ("**Śpiąca muśnięcie nieruchomych gwiazd**").

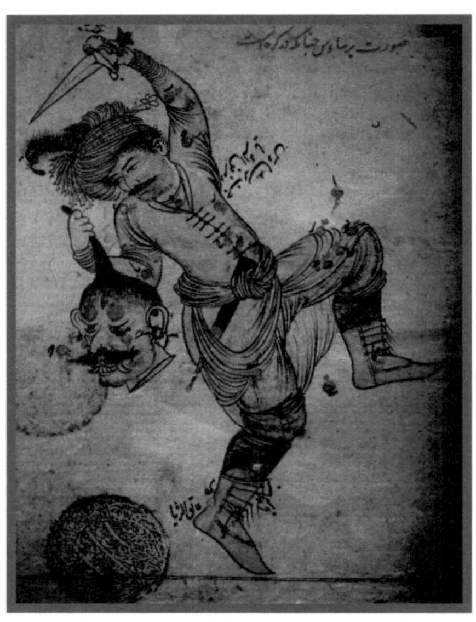

Konstelacja Perseusza. Miniatura z traktatu Al-Sufi.

XVII-wieczny Kair, Biblioteka Narodowa.

Razem z nim w obserwatorium pracował wybitny uczony Hojendi, wynalazca instrumentu astronomicznego - sekstantu.

W drugiej połowie X wieku w środkowoazjatyckim Khorezmie Khorezmshah II Mamun założył Akademię Mamaun. W tym czasie nastąpił gwałtowny rozwój życia kulturalnego i handlu w khoremskich miastach Urgench i Kijat, które stały się znane w całej Azji Środkowej ze swoich ośrodków kulturalnych i naukowych oraz bogatych bibliotek.

Obserwatoria w czasach Al Ma'mun były wykorzystywane do specjalnych programów badawczych. Ogólnym celem astronomów, którzy pracowali w tych wczesnych obserwatoriach, było opracowanie tablic astronomicznych na podstawie ostatnich obserwacji Słońca i Księżyca. Ze względu na ograniczony charakter tych programów, zarządzanie i finansowanie wszystkich tych obserwatoriów było nieco słabo rozwinięte. Dlatego też obserwatoria założone w Al-Shi-Masia i Kasioun nie mogły być porównywane ze zmodernizowanymi obserwatoriami założonymi później w świecie muzułmańskim.

Bardziej rozwinięte obserwatoria islamskie, które były bardziej zorganizowane administracyjnie, zostały zagospodarowane półtora wieku po Al-Mamun. Kiedy utworzono obserwatorium Sharaf Al-Dawlah, mianowano dyrektora zarządzającego i rozszerzono program obserwacji na wszystkie planety. Uważa się, że program był realizowany w dwóch etapach, ponieważ istnieją dowody, że wczesne obserwacje ograniczały się do szybko poruszających się planet ze Słońcem i Księżycem.

Głównym celem obserwatorium było opracowanie nowych tabel astronomicznych wszystkich planet w oparciu o najnowsze obserwacje. Postępy w tej dziedzinie zaowocowały narzędziami, które z czasem stały się coraz większe, a także efektywnym wyspecjalizowanym personelem do ich utrzymania. Rozwój obserwatorium wzmocnił zaufanie Kalifów i Królów, którzy początkowo opowiadali się za utworzeniem obserwatoriów jako instytucji publicznych.

Prace prowadzone w obserwatorium, zbudowanym przez sułtana Seljuka Malika Shaha w Bagdadzie, stanowią nowy etap w rozwoju obserwacji. Istnieje niewiele informacji na temat prac prowadzonych w obserwatorium, ale działa ono od ponad 20 lat, czyli stosunkowo długo w porównaniu z innymi obserwatoriami. Ówcześni astronomowie uważali jednak, że ukończenie jakichkolwiek badań astronomicznych zajmie co najmniej 30 lat.

Nauczycielami w Akademii Ma'mun były takie wybitne osobistości epoki jak Abu Ruyhan Biruni, Abu Ali Ibn Sina, Abu Nasr Mansur Ibn Iragi, Ho Jendi, Abu Sahl Mesihi i Abul Hassan Hammar. To tam też prowadzili swoją działalność naukowcy Hamdaki i Herachi.

Zwrócimy tu uwagę tylko na rozprawy geograficzne napisane przez naukowców zajmujących się matematyką i astronomią, najważniejsze z nich to **"Księga Geografii"** al-Khorezmi, "Księga **wyznaczania granic miejsc w celu wyjaśnienia odległości między osadami"** al-Biruni, "**Słownik krajów"** Jakuta, "**Księga cudów stworzenia i osobliwości stworzenia"** al-Kazwindi, "**Porządek krajów"** Abu-l Fida. Odcinki geograficzne zawierające tabele współrzędnych geograficznych wielu miast były dostępne w **"Canohn Masuda"** al-Biruni i w wielu zijas. Traktaty geograficzne i odcinki zijay początkowo były bardzo zbliżone do **"Geografii"** Ptolemeusza (np. książka al-Khorezmi i odcinek geograficzny **"Sabey-zijay"** al-Battani), ale później obejmowały coraz więcej obserwacji i pomiarów naukowców z krajów arabskich i Bliskiego Wschodu. Wyniki bogatych praktyk żeglugowych opisane są w podręcznikach dotyczących spraw morskich marynarzy arabskich Ibn Majid i al-Mahri oraz tureckiego admirała Katib-i Rumi. [1]

Jeden z czołowych naukowców Akademii, Mamuna, wybitny naukowiec średniowiecznego Wschodu z Khorezm Abu Nasr Mansur ibn Ali ibn Iragi (c.961-965 - 1034-1036), był nauczycielem Biruni. Mieszkał w Khorezmie przez długi czas do czasu zniszczenia Akademii Ma'mun, a następnie kontynuował działalność naukową w pałacu Mahmuda Ghaznevi.

Jest autorem wielu znaczących prac -25 z zakresu astronomii i matematyki. Wiele z nich przetrwało w swoich oryginałach, podczas gdy inne można oceniać na

[1] Г. P. Matvievskaya, BA Rosenfeld. Matematycy i astronomowie średniowiecza muzułmańskiego i ich dzieła (VIII-XVII w.). "Nauka", Redakcja Główna Literatury Wschodniej, Moskwa, 1983, s. 88.

podstawie wspomnień współczesnych Ibn Irakijczyków lub późniejszych uczonych.

Najważniejszymi z nich w astronomii są:

1. instalacja astrolabium.

2. na trudnych miejscach Księgi XIII Euklidesa.

3. Shah Zeidge.

4. tabela minut.

Dopiero w traktacie Al-Biruni **"Księga kluczy nauki astronomicznej o tym, co dzieje się na powierzchni kuli"**, napisanym w latach 995-996, znajduje się jasna charakterystyka ludzkich cech Ibn Iraq.

W wynikającej z tego dyskusji na temat pierwszeństwa w odkryciu twierdzenia o kulistej zatoce, al-Biruni zdecydowanie opowiada się po stronie nauczyciela. Pisze, że zna Ibn Iraghi od czasu, gdy zaczął studiować matematykę, ucząc się w swojej bibliotece i z prac, które poznał podczas pracy nad nimi. Dlatego też wie, że Ibn Iraq nigdy nie przywłaszczył sobie niczyich osiągnięć. W swojej skromności zawsze był skłonny nie doceniać siebie w porównaniu z innymi uczonymi. Wszystko to uniemożliwia mu nawet dopuszczenie pomysłu, że Ibn Iraq pożyczył od innych dowód na twierdzenie o sinusoidach, oddając go za swoje. Jest on przekonany, że Ibn Iraq miał rację, mówiąc, że już dawno temu udowodnił tę propozycję, ale ujawnił ją dopiero wtedy, gdy jej potrzebował w toku swojego rozumowania.

Prace Ibn Iragi były badane i cytowane przez astronomów i matematyków późniejszych czasów, w szczególności przez chorzańskiego astronoma z XII-XIII wieku al-Chaghminiego. Ibn Iraq jest również wielokrotnie cytowany przez Nasira al-Din al-Tusi w jego słynnym **"Traktacie o Całkowitym Kwadrancie"**.

Praca Ibn Iragi jest poświęcona głównie astronomii. Jego główne dzieło **"Almagest Shaha" ("Al Majisti al-Shahi"),** napisane w latach 997-1017 i cieszące się wielkim autorytetem wśród średniowiecznych astronomów wschodnich, jest obecnie uważane za zaginione. Praca ta znana jest tylko z cytatów z niej, które podali al-Biruni i Nasir al-Din al-Tusi.

Ibn Iragi's **"Treatise on the Minutes Table"** zawiera tabele numeryczne dla niektórych funkcji, których kombinacje pozwalają na uzyskanie rozwiązania konkretnych problemów astronomii sferycznej; 40 takich problemów jest rozważanych w pracy.

W **Traktacie o dowodach działania Muhammada ibn al-Sabbaha,** Ibn Iraghi omawia metodę, za pomocą której astronom Muhammad ibn al-Sabbah określił nachylenie ekliptyki do równika niebieskiego, wskazuje na swój błąd i wyjaśnia własną metodę rozwiązania tego problemu. Kilka prac astronomicznych Ibn Iraqi poświęconych jest budowie astrolabium i pracy z tym instrumentem.

Prace matematyczne Ibn Iraghi zajmują się zagadnieniami pojawiającymi się głównie w związku z rozwiązywaniem problemów astronomii sferycznej. Odnoszą się one przede wszystkim do trygonometrii, do której IbnIraghi wniósł szczególnie istotny wkład. Najbardziej chwalebne były jego komentarze na temat Menelaus'a **Spherika.** Należy zauważyć, że greckie rękopisy dzieł Menelaia zostały utracone, a Europa nauczyła się go komponować w XII wieku dzięki łacińskiemu tłumaczeniu z arabskiej wersji X wieku. [1]

Nie da się zaprzeczyć, że astronomia jest jedną z nauk o drzewach. Astronomia we wczesnym średniowieczu była szeroko rozpowszechniona na Wschodzie, a astronomowie muzułmańscy bezinteresownie badali wszystkie jej aspekty. Powyżej wspomniano, że nauka ta jest badana w Azerbejdżanie od czasów Babakuhi Bakuvi.

Astronomia rozwinęła się szczególnie szybko w Shirvan, w północnej części Azerbejdżanu. Przynoszę tutaj komentarze profesora Eibali Mehralijewa, aby to udowodnić.

Prace nad historią matematyki i astronomii wskazują na istnienie ośrodków naukowych w Shirvanie. Chociaż prowadzone tu wówczas badania miały wysoki poziom naukowy, nie miały one jednak charakteru systematycznego. Są one jednak często wymieniane w literaturze. Informacje te można uznać za wiarygodne, biorąc pod uwagę powiązania pomiędzy Shirvanem i Khorezmem w IX-X wieku.

Mówiąc o rodzaju astronoma Feleka Shirvani Kafeed-dina, warto wspomnieć o członku jego rodziny Wahidad-dina on Shirvani (1100-1159), niezastąpionym specjalisty w dziedzinie astronomii i astrolabetyki. Obserwacje astronomiczne w

[1] Kolejna historia nauki. Od Arystotelesa do Newtona, Dmitrija Wasiljewicza Kaljużnego, Siergieja Iwanowicza Walijskiego. "Veche", Moskwa, 2002.

Azerbejdżanie w tym czasie prowadzili Fazil Faridaddin Shirvani, Feleki Shirvani, Vahi Daddin Shirvani i Kafieddin. [1]

Abu Ali ibn Sina (980-1037), znany naukowiec starożytnego Khorezmu pod pseudonimem *"Sheikhir-Rais"* został zaproszony do Akademii Mamuny w momencie jej powstania. Był lekarzem, przyrodnikiem, matematykiem, poetą mistykiem i miniaturowym dworem. Jego główne dzieło filozoficzne, **"Kitab al-shifa"** (**"Księga uzdrowienia"**), znane po łacinie jako **"Liber Sufficientia"**, wraz ze skróconą wersją **"Kitab an-najat"** (**"Księga wyzwolenia"**), sprawiły, że wielu uznało go za wybitnego neoplatonistę, integratora dzieł Arystotelesa. Jego wnikliwość intelektualna podnosi go jednak do tego stopnia, że zmienia się z prostego tłumacza w pełnoprawnego, głębokiego myśliciela. Jego badania filozoficzne obejmują matematykę, muzykę, logikę, nauki fizyczne i psychiczne, a także metafizykę i teologię.

Abu Ali ibn Sina (980-1037)

Jego (Ibn Sina - R.D.) obszerny **"Kanon Medyczny"** nazywany jest najwyższym osiągnięciem, arcydziełem arabskiej systematyki (Mayerhof). Kanon został przetłumaczony na łacinę w XII wieku i zdominował nauczanie medycyny w

[1] E. Mehrəliyev. Şirvan Elmlər Akademiyası. Bakı, "Çasıoğlu", 2000. səh. 52-53.

Europie co najmniej do końca XVI wieku. W XV wieku przetrwał 16 wydań, w XVI wieku - 20 wydań, w XVI wieku. [1]

Poniżej znajduje się lista jego prac z zakresu astronomii i matematyki:

1. o cechach równika.

2. odpowiedzi na dziesięć pytań od Biruni.

3. odpowiedzi na 16 pytań od Biruni.

4. o prędkości Ziemi i nieba.

5. O ciałach niebieskich i ich ruchu.

6. Na instrumentach astronomicznych do obserwacji wykonanych w Isfahanie.

7. O niebie, gwiazdach i meteorach.

W geometrii krytycznie przyjrzał się **"Początek"** Euklidesa i próbował udowodnić swój piąty postulat. Na podstawie arystotelesowskiego rozumienia widzenia jako wtargnięcia, pokazał, że prędkość światła jest wartością skończoną. Częściowo pod wpływem Porfirysza **"Isahogha"**, Aris-totela **"Organon"** (**"Logika"**) i badań logicznych Galena, rozwinął on ostatecznie złożone formy logiki propozycji. Ponadto położył podwaliny pod teorię znaczeń, która częściowo została zawarta w jego pracy **"Ki-Tab al-Hudud"** (**"Księga definicji"**), w której doszedł do definicji poprzez ścisłe zróżnicowanie pojęć. W odróżnieniu od większości dzieł platońskich, gloryfikował cnoty sztuki perswazji, tj. oddziaływanie mowy i retoryki. W astronomii starał się usystematyzować swoje obserwacje, które opierały się na **"Almagestie"** Ptolemeusza, a w mechanice opierał się na teorii Czapli Aleksandryjskiej; jednocześnie starał się poprawić dokładność pomiarów instrumentalnych. W swoich badaniach fizycznych, badał różne rodzaje energii, ciepła i...

oferując swoje własne, bardziej logicznie zweryfikowane spojrzenie na wzajemną zależność między czasem i ruchem niż to, co zwykle kojarzy się z **fizyką** Arystotelesa. Jednym z jego ważnych osiągnięć w filozofii naturalnej było przedstawienie obrazowania duszy w **"Kitab an-nafs"** (**"Traktat o duszy"**),

[1] W. Montgomery. Watt The Them of Islam on medieval Europe. Edinburgh University Press, 1972 Islamic Surveys, 9 (William Montgomery Watt. The influence of Islam on medieval Europe).

który trafił do nas w jego **"al-Shifa"** i **"al-Najjat"** i został przetłumaczony na język łaciński pod nazwą **"De Anima".** [1]

[1] "Średniowieczna cywilizacja islamska: Encyklopedia", tom 1, s. 369-370, red. Josef W. Meri , Routledge (Nowy Jork-Londyn, 2006).
Jest to zredagowana wersja artykułu opublikowanego po raz pierwszy w pierwszym tomie encyklopedii, Średniowieczna cywilizacja islamska, s. 369-370.

Prace naukowe Abu Reyhana Al-Biruni

Wśród naukowców Akademii był nauczyciel średnio-azjatyckiego naukowca Biruni - Hamid bin al-Khazar Abu Mahmud al-Khojendi, autor kilku manuskryptów naukowych. W historii nauki astronomicznej dał się poznać jako projektant. Jego najważniejsza praca dotyczyła zastosowania astrolabium.

Abu Reikhan Muhammad bin Ahmed Biruni (4.10.973-13.12.1048) mieszkał w mieście Kyat, które było wówczas dużym centrum kulturalnym. Abu Abdullah Khorezmshakh rządził miastem. Sprawa przyniosła al-Biruni wraz z Abu Nasrem Mansurem ibn Iragi, kuzynem Choreza, który był drugim ważnym dziełem w astronomii i matematyce. Muhammad zostaje asystentem Mansuru ibn Iragi'ego. Jako młody człowiek, al-Biruni stał się wybitną postacią wśród astronomów, matematyków, pisarzy i lekarzy. W wieku 21 lat zaprojektował astrolabium do obserwacji zaćmień słońca i był jednym z pierwszych, którzy stworzyli globus.

Al-Biruni musiał żyć i pracować w trudnych czasach. Brutalne wojny i morderstwa były zwykłym sposobem przejęcia władzy, okresowo przechodzącym z rąk do rąk. W związku z groźbą kolejnego konfliktu zbrojnego 22-letni Buruni musiał ponownie opuścić swój rodzinny Kijat i udał się do miasta Gurgan (Dzhurdjan) (na wschodnim wybrzeżu Morza Kaspijskiego). Władca tego miasta zasługiwał na reputację mecenasa nauki i naukowców, a Buruni miał nadzieję znaleźć tu niezbędne warunki do prowadzenia działalności naukowej. Przez około sześć lat mieszkał w Gurganie i napisał kilka utworów prozą, które uczyniły go sławnym - **"Al-Esrar", "Al-Bagiya"** i **"Chronologia minionych pokoleń".** W tym słynnym dziele napisał historię kultury ludów zamieszkujących Khorezm, ich obyczajów i osobliwości życia codziennego, a także szczegółowo opisał systemy rachunku, które były używane przez te narody w różnych czasach.

Ta książka gloryfikuje Biruni i Khorezmshah II Mamun zaprosił naukowca do swojej Akademii. Biruni pracował tu przez siedem lat, aż do zdobycia Chorymza przez Mahmuda Ghazneviego w 1017 roku.

Chcę dotknąć dwóch akapitów z pracy G. Mamedbeyli **"Muhammad Nasiraddin Tusi"**. "Po zdobyciu Khorezma, niektórzy naukowcy z Akademii znaleźli okazję do ucieczki z miasta. Ale wszyscy inni, w tym Buruni, zostali aresztowani.

Sułtan Ghaznawi Mahmud - który zniszczył nie tylko stolicę, ale cały kraj - oskarżył Biruniego o występowanie przeciwko religii islamskiej i nakazał jego egzekucję. Tylko dzięki interwencji wezyra naukowiec został uratowany od śmierci. Nie tylko, że po krótkim czasie staje się ulubionym naukowcem sułtana. Jedno ze swoich dzieł astronomicznych dedykuje swojemu synowi Mahmudowi Ghaznevi, nazywając go **"Masood Ganuni".** Mahmud Ghaznawi i jego syn w dużej mierze wykorzystali wiedzę Buruni'ego.

"Pewnego dnia ambasador Turcji przybył do sułtana Mahmuda Ghazneviego i opowiedział o istnieniu odległego kraju w pobliżu bieguna północnego, gdzie słońce zawsze stoi nad horyzontem i nigdy nie zachodzi. Sułtan mu nie wierzył, gdyż nie odpowiadał on ówczesnej idei porządku światowego. Wtedy postanowił zdobyć opinię Abu Rayhana. Buruni tak jasno i przekonująco opisał to naturalne zjawisko, że sułtan uwierzył mu i hojnie wręczył ambasadorowi dary". 1

Abu Reikhan Biruni (973-1048)

Po podróży do Indii, Mahmoud Ghaznevi zabrał ze sobą Berniego. W najkrótszym możliwym czasie naukowiec opanował sanskryt, uzyskując w ten sposób dostęp do osiągnięć naukowych narodów indyjskich i zapoznał się z ich zwyczajami. Bardzo szybko jego wiedza o sanskrycie osiągnęła poziom, który

[1] H. C. Məmmədbəyli. Mühəmməd Nəsirəddin Tusi. Bakı, "Gənclik", 1980. səh.21-22.

pozwolił mu pisać prace naukowe w tym języku, tłumaczyć je na arabski i farsi i odwrotnie z tych języków na sanskryt.

Matematyka i astronomia w Indiach była już wystarczająco rozwinięta jeszcze przed przybyciem Beruni, studiowano też trygonometrię. W 1860 r. przetłumaczono na język angielski indyjskie dzieło naukowe z dziedziny astronomii o nazwie **Surya-Siddhanta**. Według niektórych spekulacji, zostało ono napisane w IV wieku. Inny utwór, **"Siddhanta Chiromani", został skomponowany** przez Baskara Akaria w XII wieku.

Prace te zostały dokładnie przeanalizowane przez Reynauda, Albrechta Webera, Maurice'a Cantora i innych. Później okazało się, że wiedza z zakresu astronomii i matematyki została przeniesiona do Indii przez Greków. Pobyt Buruni w Indiach był bardzo owocny. Ich tłumaczenia do sanskrytu **Podstawy Almagestu** Ptolemeusza i Euklidesa odegrały znaczącą rolę w rozwoju indyjskiej nauki.

W 1030 roku. Buruni skomponował fundamentalne dzieło **"Hindustan".** Połowa tej książki (40 z 80 części) jest poświęcona wiedzy astronomicznej hinduistów. Biruni nazwał swoją książkę "Indie, czyli książkę zawierającą wyjaśnienia indyjskich nauk, które są akceptowane przez umysł lub odrzucane. Słynny rosyjski orientalista Bartold pisał, że dzieło to jest wyjątkowe i w literaturze naukowej starożytności i średniowiecza nie ma sobie równych. W 1887 roku w Londynie książka ta została przetłumaczona na język arabski, a rok później na angielski.

Dziedzictwo naukowe Buruni jest tak bogate i różnorodne, że interesujące byłoby podanie krótkiej listy bezcennych produkcji, które wyszły z pióra:

Ustalenie wielkości Ziemi na podstawie obserwacji z wierzchołka góry upadku horyzontu.

2. instrumenty astronomiczne i ich zastosowanie.

3. Różne sposoby na zrobienie astrolabium.

4. Projekcja ruchu gwiazd.

5. Komety.

6. O badaniach nieba.

7. Analiza ruchu Słońca.

8. Uwagi na temat prac Euklidesa.

9. Notatki o astronomii Ptolemeusza.

10. O astronomicznej pracy chorizmy.

11. arabska teoria o ruchu Ziemi.

Dzięki swojej naukowej odwadze, pomimo ciągłych ataków muzułmańskich fanatyków religijnych, Biruni był jednym z najbardziej aktywnych obrońców systemu heliocentrycznego. Walczył z tymi, którzy odrzucili ten system jako odporny na Boga. Dla religijnych wyjaśnień zjawisk natury naukowiec podał metodę badań naukowych.

Buruni powiedział: "Doktryna o bezruchu Ziemi jest fundamentalna w astronomii i aksjomatem dla indyjskich astronomów. co będzie stwarzać coraz więcej problemów dla astronomii."

Beruni mówi, że obrót Ziemi nie przyjmuje astronomii. Rzeczywiście, mając na uwadze tę teorię, wszystkie zjawiska astronomiczne można wyjaśnić z takim samym sukcesem.

Biruni jest autorem takich wynalazków, że nawet po kilku wiekach słynni naukowcy starają się je udoskonalać. Ale jest jeden rozwój badań, na który specjaliści nie zwrócili należytej uwagi. Nasz współczesny, wybitny azerbejdżański naukowiec, profesor Rahim Huseynov, powiedział o Biruni: "Słynny środkowoazjatycki naukowiec Biruni, który w XI wieku twierdził, że Ziemia jest przedmiotem rotacji, zajmował się szerokim zakresem zagadnień astronomicznych. W swoim traktacie o astronomii - **"Księga za-konowa" -** brzmiała bardzo ciekawie; - Obracająca się Ziemia wokół własnej osi nie zaprzecza żadnemu położeniu astronomicznemu". 1

Jednak jeszcze wcześniej jego próba dokonania zwrotu w astronomii idei o heliocentrycznej budowie wszechświata została podjęta przez szejka Mohammedali Baba-kuhi Bakuvi. Ta sama hipoteza została wysunięta przez Mikołaja Kopernika zaledwie 500 lat później.

[1] Azərbaycan Respublikası "Təhsil" Cəmiyyəti 2002 il 28 iyunda dahi Azərbaycan alimi Nəsirəddin Tusinin 800 illik yubileyinə həsr olunmuş "Nəsirəddin Tusininin elmi xidmətləri və Nəsirəddin Tusi yazıçı-tədqiqatçı Ramiz Qasımov yaradıcılılında" mövzusunda keçirilən elmi-praktik kon-fransda professor Rəhim Hüseynovun məruzəsi.

Wśród zwolenników tej idei był również N. Tusi, co potwierdzają niemieckie źródła naukowe. Ale z niewiadomych przyczyn, te badania naukowe zostały przerwane.

Postępy naukowe, które pozostały w cieniu

Teoria ruchu Ziemi została więc wymyślona przez astronomów wschodnich jeszcze przed polskim uczonym N. Kopernikiem (1473-1543). Po śmierci N. Kopernika w 1543 r. ukazała się jego praca **"O obrotach sfery niebieskiej"**. W pracy tej Kopernik przede wszystkim wskazał na swoje autorstwo systemu geocentrycznego. Zgodnie z tym systemem, centrum świata nie jest Ziemia, zamrożona w ruchu, ale Słońce, które obraca się wokół swojej osi. Ziemia, podobnie jak inne planety, obraca się wokół Słońca i jego osi.

W swoich pracach **"Hindustan", "Ziemia wiruje lub nie wiruje", "Arabska teoria ruchu Ziemi", "Klucz do astronomii", "Różne sposoby tworzenia astrolabium"** naukowiec broni idei systemu heliocentrycznego.

Dla głębszych obserwacji astronomicznych, w 995 roku Biruni zaprojektował kwadrat ścienny o średnicy 7,5 metra. Kwadrant ścienny był jednym z najważniejszych narzędzi obserwacyjnych astronomii przedoptycznej. Zapewniał on najwyższą dokładność pomiaru dla swojego czasu. Za pomocą tego instrumentu udało się ustalić wartość ekliptyki. Dokonując tych pomiarów dwukrotnie (995-996 i 1020), stał się znany i uzyskał wartość ekliptyczną 23035/45// i 23035/50//.

Al-Biruni pracuje nad pracą naukową.

Profesor G. Mamedbeyli napisał w tym względzie: "Aby ustalić współrzędne geograficzne słonecznego apogeum Biruni wybrał nową metodę. Stworzył godne uwagi prace z zakresu kartografii matematycznej i geografii. Jednak stwierdzenie o kulistym kształcie Ziemi, w przeciwieństwie do wypowiedzi niektórych autorów, nie należy do osiągnięć naukowych Biruni. [1] Główna zasługa naukowa Biruni w wynalezieniu nowej metody pomiaru Ziemi.

Sam Abu Reikhan Biruni wyjaśnił istotę tej metody: "Aby zmierzyć łuk południka Ziemi, stworzyłem metodę inną niż greccy i indyjscy naukowcy i astronomowie z Mamun. W tym celu znalazłem w Indiach górę o wysokości 650 kubitów (652 m). Przy obserwacji z góry linia wzroku opadła z horyzontu o godzinie $^{0034/}$; sinus tego narożnika z dobrą dokładnością wynosi 0,01. Promień Ziemi, obliczony na podstawie tych danych, wynosi 13 milionów kubitów".

Według obliczeń naukowca, promień Ziemi wynosi 12 851 369 kubitów, obwód 80 780 039 kubitów, a jeden stopień łuku obwodu Ziemi wynosi 50,2 mil arabskich.

Pod koniec XIX wieku włoski arab Nallino i niemiecki matematyk Shoy określili wielkość łokcia 0,493 metra, a arabska mila 4000X0,493=1972 metra.

Biruni ustalił, że długość łuku południka jednego stopnia wynosi 111,6 km (według współczesnych danych 111,1 km).

Zaawansowany przyrząd astronomiczny Al-Biruni Astrolabeu

[1] H. C. Məmmədbəyli. Mühəmməd Nəsirəddin Tusi. Bakı, "Gənclik", 1980. səh. 25-26.

Specjaliści uznają, że wykorzystanie Biruni do określenia geograficznej długości geograficznej metody odpowiadającej poziomowi rozwoju technologicznego danej epoki można ocenić jako znaczący sukces w geografii matematycznej. Rzeczywiście, z teoretycznego punktu widzenia, metoda ta jest poprawna, ale w wyniku niedoskonałości ówczesnych przyrządów pomiarowych nie udało się osiągnąć większej dokładności.

Abu Reikhan Al-Biruni Chronologia lub Ponton Starożytnych Pokoleń.

Buruni wskazał jednak drogę nie tylko do teoretycznego odnalezienia różnicy między odległościami geograficznymi, ale także do praktycznego określenia jej znaczenia między Bagdadem a Shirazem, Gurganem i Ghaznim.

W 1025 roku ukończył pracę z zakresu geografii astronomicznej zatytułowaną **"Tahdid Nihayat al-Hayyat al-Hayyat".**

Amakin." W pracy tej Biruni określa szerokości i długości geograficzne wielu regionów Azji Środkowej.

Abu Mahmud Hamid ibn al-Hizr al-Khojandi; (c. 940 - c. 1000 g.) tadżycki matematyk i astronom, urodzony w Khojand (obecnie Tadżykistan).

Al-Khojandi jest właścicielem szeregu prac z zakresu astronomii: **"Księga o działaniach z astrolabium "zarqa-la", "Księga o uniwersalnym instrumencie", "Księga o tympanie horyzontów", "Księga o definicji nachylenia ekliptyki", "Księga o wyjaśnieniu deklinacji i szerokości geograficznej terenu", "Księga o azi-mocy kibla".**

W **"Księdze minionych godzin nocnych"** Al-Hodjandi (w tym samym czasie z Abu-l Wafa i Ibn Iraq) udowodnił twierdzenie o sinusie dla trójkąta kulistego, pozując do uproszczenia rozwiązania szeregu problemów astronomii sferycznej, które wcześniej były rozwiązywane za pomocą twierdzenia Mały dla pełnego czworokąta.

Według jego osobistej znajomości al-Biruni, al-Khojandi reprezentował "wyjątkowe wydarzenie swojej ery w produkcji astrolabów i innych instrumentów". Zbudował on słynny "sekstanty Fahrijewa" niedaleko Raya, opisany przez al-Biruni w specjalnym traktacie.

W Obserwatorium Reia wynaleziono sekstanty (Suds) o średnicy 80 łokci (40 m). Za pomocą tego instrumentu można było mierzyć kąty z dokładnością do jednej minuty. Pomiar ekliptyczny Hodgendy'ego wyniósł 23032/21//, z błędem do 2/01///.

To właśnie Hodgendy napisał o tych obserwacjach: "W roku 384 Hijra, czyli 363 Ezdijurda, robiliśmy obserwacje w Ray. Urządzenie składa się z łuku kołowego o średnicy 80 kubitów. Na cześć Lorda Raya, Hamadana i Isfahana Fahridovlé, nazwałem go **"Suzd Fahri".**

Po chwili napisał: Nasze uważne obserwacje i dokładne obliczenia doprowadziły nas do zwycięstwa. Różnica między naszym instrumentem a wszystkimi innymi polega na tym, że rozmiar ekliptyki mierzony był w stopniach i minutach, a my mierzymy stopnie i minuty i sekundy. Dlatego jesteśmy o krok przed nimi." Dowodzi to, że Hojendi jako pierwszy zwrócił uwagę, że nachylenie ekliptyki zależy od masy ciała. W tym czasie dokładna wartość pochylenia ekliptycznego (240) została już znaleziona przez Indian.

Hodgendy zauważył: "Ptolemeusz wyznaczył ten narożnik na 23051/, autor **"Imtahan Ziisi" ("Hebesul Hasib") na** 23035// i ja na 23032/21/".

Różnica pomiędzy otrzymanymi wartościami, tj. różnica pomiędzy pomiarami hinduistów i kopalni, nie wynosi pół stopnia. Przyczyną tej różnicy nie może być błąd urządzenia. W takich przypadkach należy wybrać najmniejszą i największą wartość, a następnie wynik końcowy nie przekroczy tych wartości.

Ponieważ zawsze mamy tu do czynienia ze spadkiem masy, dochodzimy do wniosku, że oczywiste jest, iż samo nachylenie jest zmienne".

Z tego cytatu jasno wynika, że Hodghendi najpierw zauważył, że masa zmienia nachylenie ekliptyki.

Nauczyciel Abu Ali ibn Sina Abu Sahl Isa bin Mesihi Gurgani również pracował w Akademii Ma'mun.

Na pustyni zginął naukowiec, który napisał kilka prac naukowych z dziedziny astronomii i medycyny, uciekając przed ściganymi za nim wojownikami Mahmuda Ghazneviego.

Giyaseddin Abul-Fath Omar ibn Ibrahim al-Hayyam Nishapuri (1048-1123) był perskim poetą, filozofem, matematykiem i astronomem. Współcześni zwracali się do niego - *"Największy z mądrych!"*, także *"Najmądrzejszy z wielkich!"*.

Omar Khayyam (1048-1123)

Omar Khayyam jest znany na całym świecie z czterech **"Rubai"**. W algebrze badał klasyfikowanie równań sześciennych i podawał ich rozwiązania za pomocą przekrojów stożkowych. W Iranie Omar Khayyam jest również znany z tworzenia dokładniejszego europejskiego kalendarza, który jest oficjalnie używany od XI wieku.

Jak inni główni naukowcy tamtych czasów, Omar nie przebywał długo w jednym mieście. W wieku szesnastu lat opuścił Nishapur i udał się do Samarkandy, gdzie mieszkał przez cztery lata. Potem przeniósł się do Buchary, gdzie zaczął pracować w księgarniach. W ciągu dziesięciu lat mieszkał w Bucharze, napisał cztery podstawowe traktaty z matematyki.

W 1074 r. został zaproszony do Isfahanu, centrum stanu Sanjar, na dwór sułtana Seljuka Malika Shaha I. Z inicjatywy i pod patronatem szefa Shaha Viziera Nizama ul-Mulka. Omar staje się duchowym mentorem sułtana. Dwa lata później Malik Shah mianował go szefem obserwatorium pałacowego, jednego z największych na świecie. Pracując na tym stanowisku, Omar nie tylko kontynuował studia matematyczne, ale również stał się znanym astronomem. Wraz z zespołem naukowców opracował kalendarz słoneczny (kalendarz astronomiczny, który miał 33-letni cykl), dokładniejszy niż kalendarz gregoriański. W tym kalendarzu długość roku różni się o 19 sekund od obecnych danych.

Opracował on **tablice astronomiczne Malik-Shah, które** zawierały współrzędne 100 gwiazd. Jeden egzemplarz tego katalogu (**"izijah"**) **pochodzi z** Bibliothèque nationale de Paris.

Astronomia kwitła wśród narodów arabskich i w Azji Środkowej aż do XV wieku. Wielu głównych naukowców, wraz z innymi naukami, było zaangażowanych w doskonalenie astronomicznej, stałej teorii geocentrycznej.

Literatura

Azərbaycan Beynəlxalq Universiteti. N. Tusininin 800 illik yubileyinə həsr edilmiş Respublika konfransın materi-alların. Bakı-2001.

Azərbaycan Respublikası "Təhsil" Cəmiyyəti 2002 il 28 iyunda dahi Azərbaycan alimi Nəsirəddin Tusinin 800 illik yubileyinə həsr olunmuş "Nəsirəddin Tusininin elmi xidmətləri və Nəsirəddin Tusi yazıçı-tədqiqatçı Ramiz Qasımov yaradı-cılığında" mövzusunda keçirilən elmi-praktik konfransda professor Rəhim Hüseynovun məruzəsi.

Biały U. A. Cichy Brahe. M. "Nauka", 1982.

Berry A. Krótka historia astronomii. 1946.

Bertels E. I. Sufizm i literatura sufistyczna. M., 1965.

Veliyev S. C. Starożytny, starożytny Azerbejdżan. Baku, "Ganjilik", 1983.

Veselovsky N., White. Yu. A. Nikolai Copernicus. M.: 1974. "Nauka".

Vorozheikina Z. N. O castinguBaby Kuhi i Baby Tair's Raturnae Heritage w kolekcji: "Filologia irańska". Л., 1964,

Jabbehdari M. rozprawa o naukach humanistycznych "Nauki logiczne średniowiecznego Iranu i ich znaczenie dla zachodnioeuropejskiej logiki". 2011 -

http://cheloveknauka.com/logicheskie-ucheniya-srednevekovogo-irana-i-ih-znachenie-dlya-zapadnoevropeyskoy-logiki#ixzz66Kjxkbmm

To kolejna historia naukowa. Od Arystotelesa do Newtona, Dmitrija Wasiljewicza Kaljużnego, Siergieja Iwanowicza Walijskiego. "Veche", Moskwa, 2002.

Gulyga A. V. Historia jako nauka - w języku angielskim: Philosophical problems of historical science. Moskwa: Nauka 1969.

Qabusnamə. Bakı, "Azərnəşr", 1989.

Qacar Ç. Azərbaycanın görkəmli şəxsiyyətləri. Bakı, "Nicat", 1997.

Ditmar A. B. Rhodes Parallel. Życie i działalność Eratostenów. Moskwa, "Thought", 1965.

Isachenko A. A. Rozwój idei geograficznych. Moskwa, "Thought", 1971.

Hüseynov R. Ə. Astronomiya. Ali məktəblər üçün dərslik. Bakı, "Maarif", 1997.

Hüseynov R. Ə. "Bilgi dərgisinin "fizika, riyaziyyat, yer elmləri" seriyası. Nəsirəddin Tusinin astronomiya elmində xidmətləri. Baky, 2002, nr 2.

Əbu Əli Həsən ibn Əli Xacə Nizamülmülk. Siyasət-namə. H. Məmmədzadənin əlavəsi. Bakı, "Elm", 1989.

Historia starożytności. Sost. **Tomashevskaya M. N.** Moskwa, "Pravda", 1989, tom 2.

Historia astronomii. Materiały metodyczne do przygotowania do Egzaminu z Historii i Filozofii Nauki Kandydata. Instytut Historii Nauki i Techniki Rosyjskiej Akademii Nauk. S.I. Vavilov Instytut Historii Nauki i Technologii.

Kagan VF. Podstawy geometrii. M-L., 1949.

Keremov N.K. The Travel of Goodsy. Moskwa, "Thought", 1977.

Kechori F. Historia matematyki elementarnej. Odessa, 1971.

Yuri Kimelev, Polyakova TL "Nauka i religia". Nauka arabsko-islamska i łaciński zachód. 20 czerwca 2010 roku.

Klatsko-Rynjiun C. Dziennik Stowarzyszenia Sztucznej Inteligencji. Wiadomości o sztucznej inteligencji. Moskwa, 1993.

Kung N. A. Legendy i opowieści o starożytnej Grecji i starożytnym Rzymie. Moskwa, "Pravda", 1990.

Kəndli-Herisçi Q. "Xaqani Şirvani." Bakı, 1988.

Luther I.O. Questions on the History of Science and Technology. T 39. № 3. Instytut Historii Nauki i Techniki. S.I. Vavilov Instytut Historii Nauki i Technologii RAS Rosja, Moskwa. 2018.

IP Magidowicz, W. Magidowicz. I. Eseje na temat historii odkryć geograficznych Tom I, Moskwa, "Pro-oświetlenie", 1983.

Maxudov F.G., Mammedbayley G.J. Mohammed Nasiraddin Tusi. Baku, "Ganjilik", 1981.

G. Matvievskaya P., Rosenfeld B. A. Matematyka i astronomowie średniowiecza muzułmańskiego oraz ich dzieła (VIII-XVII w.). "Nauka", Redakcja Główna Literatury Wschodniej, Moskwa, 1983.

"Średniowieczna cywilizacja islamska: Encyklopedia", Tom. 1, s. 369-370, ed. Józef W/ Meri, Routledge (Nowy Jork-Londyn, 2006). Jest to zredagowana wersja artykułu opublikowanego po raz pierwszy w pierwszym tomie encyklopedii "Średniowieczna cywilizacja islamska".

Watt Montgomery W. U. Wpływ islamu na średniowieczną Europę. Moskwa, 1976.

Mehrəliyev E. Babakuhi Bakuvi Ş.M. (Nişapuri, Şirazi) və Pirhüseyn Şirvani. Bakı, "Nafta-Press", 2002.

Mehrəliyev E. Şirvan Elmlər Akademiyası. Bakı, "Çası-oğlu", 2000.

Məmmədbəyli H. C. Mühəmməd Nəsirəddin Tusi. Bakı, "Gənclik", 1980.

Pannekuk A. Historia astronomii / Tłumaczenie: N.I. Nevskaya, Nauka, Moskwa, 1966. Źródło:

http://www.astro-cabinet.ru/library/Pannekuk/Index.htm

Później ja. Amatorska astronomia. Biblioteka Gutenberga. Avanta. "Od AST", 2018.

Instytut Historii Historii Naturalnej i Technologii Rosyjskiej Akademii Nauk. S.I. Vavilov Instytut Historii Historii Naturalnej i Technologii. Materiały metodyczne do przygotowania do egzaminu z historii i filozofii nauki. Historia Astronomii.

Rashid-ad-din. Zbiór kronik tomu III, Moskwa, 1946.

Rzakulizade S.J. Myśl filozoficzna. Eseje. Baku, "Teknur",

Rizo Dovari Ardakani. Iran. Iran. Nazwisko. Dziennik naukowy orientalistów. № 3. (23) 2012.

Rosenthal F. Triumf wiedzy. Pojęcie wiedzy w średniowiecznym islamie. Moskwa, 1978.

Sagadeev A. V. Ibn Rushd (Averroes). Z "Thought". 1973.

Samin D. K. Sto wielkich odkryć naukowych. M, "Veche", 2002.

Samin D. K. Stu wielkich naukowców. Moskwa, "Veche", 2002.

Strabo. Geografia. Per. od Greka. Moskwa, "Nauka", 1964.

Subbotyna M. F. Prace Mohammeda Nasiraddina na temat teorii ruchu Słońca i planet. "Wiadomości Akademii Nauk Azerbejdżańskiej. SSR", № 5, 1951.

Tagirjanov A. T. Baba Kuhi's sofa w badaniach VA Żukowskiego. W książce: "Esej o historii rosyjskiego orientalistyki". Moskwa, 1960, Coll. V.

Tomashevskaya M. N., Kompilator, Historycy Starożytności. Moskwa, "Pravda", 1989, tom II.

Thucydide. Historia. Tom I, Moskwa, 1915.

Xacə Nəsirəddin Tusi. Rəhim Sułtanovun farscadan tər-cüməsi. Əxlaqi-Nasiri. Bakı, "Lider nəşriyyat", 2005. səh. 235.

House. D. Greenwich czas i otwarcie długości geograficznej. Mos-qua, "The World", 1983.

Korrektor - filolog Bella Zakirova.

Tłumaczenie - Elmar Sheikhzade

Zestaw komputerowy - Synaj, Gulnara Ismilova.

Projektowanie komputerowe - Sevinj Gasimova

Printed by Books on Demand GmbH, Norderstedt / Germany